우리 아이
첫 반려동물

우리 아이
첫 반려동물

수의사 이원영 지음

동물을 입양하기 전 생각할 것들

- 반려동물을 키우게 된다면
  어떤 이름을 지을까 고민해 본 적 있다. ···························· [O / X]

- 귀여운 동물 영상을 찾아본다. ··· [O / X]

- 가족끼리 공유할 수 있는 화젯거리가 늘어나면
  좋겠다고 생각해 본 적 있다. ··················· [O / X]

- 반려동물 입양처를 검색해 본 적 있다. ····················· [O / X]

- 유기동물을 보면서 마음 아파해 본 적 있다. ··············· [O / X]

- 거리에서 산책하는 강아지가 다가올 때
  나도 모르게 웃음을 짓는다. ······················· [O / X]

- 길에서 고양이를 만나면 나도 모르게 휴대폰을 꺼낸다. ······· [O / X]

- 가족들에게 반려동물을 키우면 어떨지
  넌지시 물어본 적 있다. ······························· [O / X]

- 함께 사는 가족 모두
  반려동물 키우는 데 반대하지 않는다. ··············· [O / X]

- 본인을 포함한 가족들 모두에게 털 알레르기가 없다. ········ [O / X]
- 옆집 반려동물의 짖는 소리를 들어도
  그럴 수 있다며 넘기는 편이다. ···································· [O / X]
- 반려동물의 생활과 건강을 책임질 수 있다고 생각한다.　[O / X]
- 반려동물이 새벽에 깨워도
  화내지 않고 쓰다듬어 줄 수 있다. ······························ [O / X]
- 반려동물을 위해 집 안 구조와
  생활 방식을 바꿀 의향이 있다. ·································· [O / X]
- 퇴근 후 반려동물과 산책하거나 놀아 줄 의향이 있다. ······· [O / X]
- 집을 오래 비울 때 반려동물을 맡길 곳이 있다. ··············· [O / X]
- 반려동물을 가족으로 생각하고 존중할 수 있다. ··············· [O / X]
- 결혼, 육아, 이사 등 삶의 형태가 바뀌어도
  반려동물을 끝까지 책임질 수 있다. ····························· [O / X]
- 조건 없이 애정을 주고받을 때
  삶이 더 풍부해진다고 생각한다. ································· [O / X]

O가 9개 이상이라면 반려동물과 함께하는 삶을 적극적으로 고려해 보면 어떨까요?

반려동물은 우리에게 자기 스타일대로 다가옵니다. 우리는 그들에게 우리 스타일대로 다가가고요. 그렇게 만납니다. 그다음에는 어떻게 될까요? 부딪치고, 쓰다듬고, 끌어안고, 물어뜯고…… 준비 없는 만남은 이렇게 전혀 예상할 수 없고, 통제할 수 없는 상황에 이르게 됩니다. 그러다가 운이 좋으면 집 안은 파라다이스가 되고, 운이 나쁘면 해결책 없는 혼돈에 빠집니다. 하지만 우리가 좀 더 성숙한 모습으로 준비를 한다면 서로에게 좋지 않을까요? 우리가 할 수 있는 부분은 적절히 조절하고, 할 수 없는 부분은 적절히 대응한다면, 서로가 원하는 관계를 부드럽게 만들어 갈 수 있을 것 같습니다.

저는 수의사라는 직업 특성상 다양한 사람들과 반려동물을 주제로 많이 이야기하게 됩니다. 그 가운데는 반려동물을 키워 본 경험이 있는 이들도 있지만 그렇지 않은 이들도 많습니다. 그런데 비슷한 주제로 이야기하더라도 자세가 서로 약간 다릅니다. 경험 있는 사람들은 현실 속에서 이미 겪고 있는 일들에 대해 대화합니다. 다소 귀찮고 힘들 수 있는 일들이 있더라도, 그것들은 이미 익숙해진 일상이어서 그다지 힘겨워하지 않습니다. 근본적으로 만족스럽고 행복에 겨운 느낌 위에서 여유를 갖고 말을 합니다. 반면에 관심은 있으나 경험이 없는 사람들은 미래에 마주할 수도 있는 상황에 대해 상상하며 말하게 됩니다. 걱정과 설렘의 기반 위에서, 일어날 수 있는 많은 일들을 고려합니다. 키워 보면 별일 아닌 것들도, 안 키워 본 사람에겐 심각한 일인 경우가 많습니다. 신경 쓸 필요 없어 보이는 아주 세세한 것에 대해서 조바심 내기도 합니다.

　이런 이야기들을 나누는 과정에서, 의외로 입양 전에 반려인이 무엇을 어떻게 해야 하는지에 대한 정보가 매우 제한적이라는 사실을 알게 되었습니다. 저 역시도 입양 초기 아무것도 모른 채 반려동물을 맞아들여, 오랜 기간 그들에게 별 도움 안 되거나 해가 되는 짓을 해 가며 함께 지냈던 기억이 있습니다. 해 보지 않은 일, 처음 가 보는 길은 기대도 크지만 걱정도 많은 법입니다. 더욱이 방향에 대한 안내가 친절하지 않다면 당황스러울 것입니다. 그래서 이런 주제에 대해 이야기해 보는 일이 꽤 중요하고, 의미 있는 일이라는 생각이 들었습니다.

이 책은 반려동물을 처음에 어떻게 맞아들이면 좋은지에 대한 논의입니다. 반려동물과 함께할 때 무엇이 좋고, 함께 살기로 결심하기까지 어떤 점들을 고민하게 되며, 입양 초기에 당황하지 않으려면 어떤 부분에 주의해야 하고, 함께 살며 어떤 점에 대해 좀 더 생각해 볼 필요가 있는지에 대해 다룰 것입니다. 반려동물 입양을 고민하는 이들이 읽는다면 고민을 정돈하며 좌충우돌을 줄이는 데 도움이 될 것입니다. 그래도 여전히 미진한 부분이 많을 것입니다. 다양하고 구체적인 상황들에 대한 현실적인 대응책들이 앞으로 더 많이 축적되길 기대해 봅니다.

반려동물 문화가 확산되는 상황에서 한 가지 걱정되는 부분이 있는데, 반려동물을 우리의 행복도를 높이는 도구나 힐링의 수단으로 삼게 되지 않을까 하는 점입니다. 사람들 간의 관계가 계산이 아닌 진심에 바탕을 둘 때 서로 편안하고 자유로울 수 있듯, 반려동물과의 관계 역시 이해관계를 따지지 않고 진실한 자세로 임할 때 한결 편안하고 자유로울 수 있습니다. 그들과 함께하면 우리는 평안함을 느끼게 됩니다. 어느새 빙그레 웃고 있는 자신을 발견하게 됩니다. 그리고 그들은 분명 우리가 즐겁게 지낼 수 있는 계기가 됩니다. 하지만 반려동물을 그런 만족을 얻기 위한 도구나 수단으로 여기는 것은 경계할 일입니다.

이 책에서 반려동물과 함께할 때 사람에게 도움이 되는 많은 이점들이 거론될 것입니다. 하지만 그것은 자연스럽게 일어나는 일이며, 결과적으로 그렇다는 의미일 뿐입니다. 그것은 우리가 반려동물을 들인 것에 대한 대가라기보다는 소중한 선물이라고 보는 것이 좋습니다. 그런 교감은 인생의 행운입니다. 마음이란 것이 있고, 내 마음에 누군가가 들어오는 일이 있고, 또한 서로의 마음에 드나들며 교감하는 일이 가능하다면, 반려동물과의 교감이 아마도 가장 순수한 형태의 교감이 아닐까 싶습니다.

차
례

1부 **마음을 나누며 같이 커 갑니다**

반려동물, 가족이 되다

　기억을 더듬어 보면 우리 집에 개가 처음 들어온 것은 제가 열 살 때쯤이었습니다. 동네 어떤 집의 개가 새끼를 여러 마리 낳아서, 아버지께서 한 마리 얻어 오셨던 것 같습니다. 흰색 발바리 '메리'는 우리 집 마당에서 한동안 살다가 어느 순간 사라졌습니다. 어른들 말로는 쥐약을 먹고 죽었다고 했지요. 얼마 안 있어 비슷한 경로로 털이 조금 더 긴 잡종 개가 들어왔고, 비슷하게 살다가 또 어느 순간 사라졌습니다. 그렇게 개들 몇 마리가 우리 집 마당을 지나갔습니다. 반려동물이라기보다는 가축에 가까웠다고 할 수 있고, 사라졌을 때의 슬픔이 오래가지도 않았던 걸 보면, 저에게도 반려의 개념은 거의 없었던 것 같습니다.

　처음으로 품에 끼고 돌봤던 진정한 반려견은 제가 20대 후반에 키운 개 두 마리였습니다. 40대 초반까지 함께 지내며 힘겨웠던 30대를 그 녀석들 덕에 그럭저럭 견뎠습니다. 아내는 저와 달리 청소년 시절부터 반려견과 함께 생활한 경험이 있었고, 그래서인지 그 녀석들과 관계 맺는 방식이 저와 조금 달랐습니다. 뭐랄까요, 정확히 설명할 수 없는 부분이긴 하지만 반려견의 기쁨과 아픔에 조금 더 민감했고, 녀석들의 마음에 더 깊이 다가갔다고 해야 할까요? 저도 제 나름의 방식으로 교감했고 그런 순간엔 거의 100퍼센트 진심이었지만, 아내는 저보다 좀 더 섬세하게 교감했던 것 같습니다. '내가 만약 어릴 때부터 반려견이나 반려묘와 함께 지냈다면, 나의 정서 상태나 감정 표현 방식, 사람들과의 교류 방식이 지금과 어떻게 달랐을까?' 가끔 궁금할 때가 있습니다.

애완동물에서 반려동물으로

연구 자료에 따라 편차가 크지만, 개는 최소 1만 2000년 전부터, 고양이는 대략 8000~9000년 전부터 인간과 함께 혹은 인간 주변에서 살기 시작했다고 합니다. 고양이는 쥐로부터 식량을 지켜 주었고, 개는 사냥, 썰매 끌기, 집 지키기 등의 역할을 했습니다. 하지만 아무런 도움을 주지 않아도 이 동물들이 인간에게 사랑받은 경우는 극히 일부였습니다. 일부 동물이 인간에게 '반려'로 받아들여지며 그런 현상이 사회 전체의 문화로 불릴 만한 흐름이 생긴 지는 몇백

년도 채 안 되었습니다. 우리나라에서 많은 사람들이 개와 고양이를 데리고 실내에서 함께 생활하기 시작한 지는 아무리 길게 잡아도 100년도 안 되었고요. 제대로 된 개 사료나 고양이 모래를 주변에서 쉽게 구할 수 있게 된 것은 50년도 채 안 된 일입니다.

애정을 주며 데리고 노는 동물이란 뜻의 '애완동물'(pet)에서 가족과 다름없이 함께 살아가는 동물이라는 의미의 '반려동물'(companion animal)로 인식이 전환된 지도 30~40년밖에 되지 않습니다. '애완동물'이 인간이 동물을 키우는 데서 느끼는 즐거움을 강조하는 말이라면, '반려동물'은 동물이 단지 장난감이 아니라 인간과 삶을 함께하는 존재임을 강조하는 말입니다. 이는 1983년 10월 오스트리아 빈에서 열린, 인간과 애완동물의 관계를 주제로 한 국제 심포지엄에서 동물학자 콘라트 로렌츠(Konrad Lorenz)가 처음으로 제안한 개념이라고 알려져 있습니다. 국내에서는 2007년 동물보호법 개정 이후 공식적으로 사용되었고, 우리 사회 전반에서 애완동물보다 반려동물이란 용어가 더 많이 사용되기 시작한 것은 2010년대 이후의 일입니다. 반려동물 문화가 사회적으로 확대된 것도, 그 과정에서 인간이 그들을 바라보는 시각에 대한 변화가 촉구되고 사회적 승인을 얻게 된 것도 극히 최근의 일입니다.

KB경영연구소에서 내놓은 「2023년 한국 반려동물 보고서」에 의하면, 2022년 말 기준 한국 반려가구는 552만 가구로 전체 가구의 25.7퍼센트이고, 반려인은 1262만 명입니다. 전체 반려견 수는 473만 마리, 전체 반려묘 수는 239만 마리였습니다. 반려가구 중 개를 기르는 가구는 71.4퍼센트, 고양이를 기르는 가구는 27.1퍼센트를 차지합니다(복수 응답). 반려견가구에서는 가구당 평균 1.2마리, 반려묘가구에서는 가구당 평균 1.5마리를 길러, 여러 마리와 함께 사는 비율은 반려묘 가구가 조금 더 높았습니다.

2~3년에 한 번씩 주기적으로 '동물보호에 대한 국민의식조사'를 실시하고 있는 농림축산식품부 자료나 한국농촌경제연구원, 한국 펫사료협회 등의 자료들도 함께 참고해 보면, 지속적으로 반려가구가 증가하고, 반려묘가구는 더 빠르게 늘어나고 있음을 알 수 있습니다. 참고로 미국, 일본, 러시아, 캐나다, 프랑스 등의 나라에는 현재 반려견보다 반려묘가 더 많습니다.

성장기에 반려동물과 함께 지낸다면

동물병원에서 진료를 하다 보면 자녀들과 함께 반려동물을 데려오는 부모님들을 많이 만납니다. 유치원생도 있고, 초등학생도 있고, 중·고등학생, 대학생인 경우도 있습니다. 성장기에 반려동물과 함께 생활하면, 삶의 기본값이 달라지게 됩니다. 집이 어수선해지고 복잡해져서가 아니라, 가족들의 삶의 방식이 바뀌기 때문입니다. 부부가 반려동물을 키우는 상황에서 아이가 태어난다면, 그 아이는 반려동물이 있는 세상에서 살아가기 시작하는 셈입니다. 반려동물을 언제 처음 만나는지가 성인에게는 큰 차이가 없을지 몰라도, 무의식을 형성하고 자아가 확립되는 시기의 성장기 아이들에게는 인생의 기본 구조가 달라질 수 있는 중요한 포인트가 될 수 있습니다.

2년 전부터 저희 동물병원에 오는 '먼지'는 노르웨이숲 암컷 고양이입니다. 초등학교 고학년인 딸이 어머니에게 졸라서 입양했다고 합니다. 그들은 항상 토요일에 내원합니다. 쑥스러움을 많이 타는 성격인지 딸은 처음에 말을 거의 하지 않았고, 저는 대부분의 대화를 어머니와 했습니다. 아버지는 다소 시큰둥하게 옆에 서 있곤 합니다. 고양이를 처음 키운다고 하는데, 잘 키울 수 있을지 조금 걱정이 되었습니다. 다행히 고양이는 별로 아픈 데 없이 안정적으로 성장해 갔습니다. 서너 차례 내원했을 때부터는 아이가 조금씩 제게 질문을 하기 시작했습니다. "고양이는 밥을 얼마큼씩 먹어야 하나요?" "물은 얼마나 먹는 게 좋은가요?" "왜 똥을 싸고 1분쯤 뛰어다니나요?" "털 고르기 하면서 털을 먹는 것 같은데 괜찮은가요?" 갈수록 질문도 많아졌고, 무엇보다도 표정이 달라졌습니다. 몇 번 오가며 병원에 익숙해지기도 했겠지만, 애정 표현에 자신감이 있는 것이 보기 좋았습니다. 제가 묻는 말에도 당황하지 않았습니다. 아는 것은 확신에 차서 대답했고, 모르는 것은 모르겠는데 왜 그런 거냐고 당당하게 물었습니다. 5분 가까이 이어지는 저와 아이의 대화를 곁에서 지켜보는 것이 지겨울 때도 있었을 텐데, 부모님은 간간이 말을 섞고 웃어 가며 무리 없이 이야기를 나눴습니다. 시큰둥해 보였던 아버지도 "지난번에 발톱 깎을 때 네가 잘못 잡아서 먼지가 버둥거리다가 아빠 손등에 상처 났었잖아. 선생님처럼 이렇게 잡아야겠네"하며 함께 어우러졌습니다. '아, 이런 게 가족 간의 대화구나. 나도 어린 시절에 저 애처럼 예의 바르면서도 주눅 들지 않고 어른들과 대등하게 대화를 했었나?' 하는 생각이 들었습니다. 먼지는 아이의 삶에 상당한 영향을 주는 것이 분명해 보였습니다.

  언제부터 반려동물과 함께 지내는 것이 좋을까요? 정답은 없습니다. 연애를 언제 처음 시작하는 것이 좋을지 정답이 없는 것과 같습니다. 돌보는 사람이 어른이든 아이든, 시간과 경제적인 준비와 마음 자세가 갖춰졌을 때라면 언제든 상관없습니다. 다만 성장기 아이에게는 인생의 어느 시점부터 반려동물과 함께 교감하며 살게 되었는지에 따라 삶의 모습이 다르게 형성될 것입니다.

반려동물과 함께하면 어째서 좋을까?

반려동물과 건강에 대한 연구들

2017년 스웨덴 웁살라 대학 토브 폴 교수 등 공동 연구팀은 과학 저널 『사이언티픽 리포트』에 "반려견을 키우는 사람이 그렇지 않은 사람보다 뇌졸중, 심근경색, 심장 기능 상실 등 심혈관계 질환으로 사망할 확률이 더 낮다"라고 밝혔습니다. 미국의 오클라호마 대학 건강과학센터와 다트머스 의과대학 공동 연구팀의 연구 결과에 의하면 개나 고양이 같은 반려동물을 키우면 아이들의 걱정이나 불안감이 크게 낮아지고 행복감은 더 높아진다고 합니다. 남아프리카공화국 생명과학연구소의 오덴달 박사 연구팀은 반려견과 주인의 행복 호르몬 변화를 연구했는데, 귀여워해 주고 쓰다듬어 주는 행동이 반려견과 주인 모두에게 행복감과 관련된 옥시토신 호르몬과 베타 엔도르핀, 도파민과 같은 신경전달물질의 수치를 증가시킨다는 사실을 발견했습니다.

2015년 미국 국립보건원이 ADHD(주의력 결핍 과잉행동 장애) 혹은 자폐 스펙트럼 장애를 가진 어린이들을 대상으로 시행한 연구에 의하면, 반려동물과 함께한 어린이들이 유의미한 수준으로 더 침착하게 상호작용했으며, 행동 문제 개선에도 효과를 보였습니다. 다국적 기업인 '마즈' 산하의 월섬 펫케어 연구소가 조사한 바에 따르면 10~14세 어린이가 기분이 상했을 때, 70퍼센트가 자신의 반려동물을 가장 먼저 찾는다고 합니다. 미국 컬럼비아 대학 크리스타 클라인 교수는 2010년 국제 학술지 『사회심리학 저널』에 "반려견과의 정서적 교감은 우울증 개선에 긍정적 영향을 준다"라고 보고했으며, 서호주 대학 리사 우드 교수 등 공동 연구팀은 2015년 과학저널 『플로스 원』에 "반려견을 키우는 사람이 그러지 않는 사람보다 인간관계 형성을 더 활발히 하는 것으로 드러났다"라고 밝히고 있습니다. 미국노인병학회에서는 반려동물을 키우는 노인은 키우지 않는 노인보다 우울한 기분을 덜 느낀다는 연구 결과를 발표했습니다. 이 같은 연구들은 어린이부터 노인까지 세대를 불문하고 반려동물이 사람의 정서적 안정과 행복감에 도움을 준다고 말합니다.

정서만 아니라 신체 보건에 대한 유의미한 연구도 적지 않습니다. 미국 캘리포니아 대학교 샌프란시스코 의과 대학의 케이 후지

무라 박사 등 연구팀은 2010년 『알레르기 및 임상 면역학 저널』에 "반려견은 집 먼지의 세균 다양성을 증가시키고 집 곰팡이의 서식 가능성을 감소시킨다"라는 조사 결과를 발표했습니다. 미국소아과학회는 개, 고양이와 어렸을 적부터 접촉하며 함께 지낸 어린이들은 그러지 않은 아이들보다 호흡기 감염이나 귀 감염에 더 적게 노출된다고 밝혔습니다.

과학적으로 입증된 이점들

반려동물과 함께 지내는 것이 좋은 이유에 대해서는 막연한 추측만이 아니라, 이와 같이 많은 과학적 근거가 다방면에서 제시되고 있습니다. 물론 이런 연구들은 연구 기준을 설정하기 어려운 부분이 많고, 결괏값을 정량화하기 힘든 지점도 있습니다. 하지만 우리가 반려동물과 함께 지내며 주관적으로 느꼈던 많은 장점들이 과학적 근거를 갖고 있다는 것을 보여 줍니다.

이런 연구들은 건강과 정서상의 이유에서 반려동물과 함께 지내는 것의 이점을 거론합니다. 건강 측면의 장점은 스트레스 호르몬으로 알려진 코티졸 감소, 사랑의 호르몬으로 알려진 옥시토신 증가, 만족의 호르몬으로 알려진 세로토닌 증가, 심혈관계 질환 및 당뇨병 발생 감소, 호흡기 질환 및 알레르기성 질환 감소, 산책이나 돌봄 관련 움직임 증가를 통한 활력 증진 등입니다. 정서 측면의 장점은 신체 접촉과 완전한 유대 관계, 소통의 기회와 능력 증가 등에 따라 안정감이 강화되고 고독감이 감소한다는 것입니다.

우리가 반려동물을 사랑하는 이유

하지만 현실에서 우리가 이런 이유들로 반려동물을 키우기로 결심하지는 않습니다. 반려동물을 키우게 되는 계기는 다양합니다. 예쁘고 귀엽고 매력적이고 같이 있고 싶어서, 도저히 지나칠 수 없어서 돌보게 되는 경우가 가장 많습니다. 어릴 때부터 늘 함께 지내 왔기에 반려동물이 삶의 기본 조건인 사람도 있고, 자신에게 혹은 아이들에게 도움이 될 것 같아서 반려동물과 함께해 보기로 하는 사람도 있습니다.

시작이 어떠했든 반려동물과 함께하는 삶을 이어 가는 데에는 상당한 품이 듭니다. 그럼에도 반려동물과 함께하는 데에는 그런 부담을 상쇄하고 남을 만한 이유가 있을 텐데, 그것이 무엇일까요? 매력? 위로? 책임감? 관성? 아니면 그 모든 것이 합쳐진 어떤 끈끈한 힘이라도 있는 것일까요? 그것이 무엇인지는 분명하지 않지만, 반려동물을 키우는 이들은 대부분 그 생활이 좋다고 여기고 있습니다. 그렇게 여기는 이유는 과연 무엇일지 살펴보겠습니다.

• 일상에 깃드는 귀엽고 아름다운 존재

숨이 멎을 정도로 예쁜 강아지를 간혹 봅니다. 뭐라고 설명할 길이 없고, 설명할 필요도 없을 만큼 보는 사람을 압도하는 아름다움이라고 할까요? 보는 이로 하여금 "정말 잘생겼구나" 하는 말이 저절로 나오게 만듭니다. 그런 강렬함이 어디에서 기인하는지는 모르겠습니다. 특정한 비율과 털의 질감, 색깔과 분위기, 소리와 움직임 등이 감각적인 호오(好惡)의 최극단을 자극하게 된 것이리라 짐작할 뿐입니다. 아마도 그 메커니즘은 유전과 문화의 복잡한 앙상블이 아닐까 싶습니다.

'우리 동네 슈퍼스타'라고 불리는 '쿠마'라는 개가 저희 동물병원에 간혹 옵니다. 그 녀석이 오면 보호자 직원 할 것 없이 모두 그 주위로 몰려듭니다. 발에서 어깨, 머리에서 꼬리로 미끄러지듯 고운 털이 나 있고, 갈색에서 청록색을 거쳐 검은색으로 그러데이션을 이루는 털 빛깔이 신비롭기 그지없습니다. 동그란 눈과 얼굴, 짧은 다리와 꼬리로 종종종종 걸으면 사람들의 입에서 탄성에 가까운 비명이 나옵니다. "으아아아, 너무 귀여워……" 제가 봐도 귀엽습니다. 부인할 길이 없습니다. 모두 매력을 느끼는 것입니다.

그런데 정작 이 녀석은 이렇게 예쁘고 귀엽고 아름다운데 자기가 그런 줄을 모르는 것 같습니다. 정작 자기는 신경도 쓰지 않습니다. 숨 막히는 외모를 갖고 있는데도 그걸로 승부하려 하지 않는 바로 그것이 '킬 포인트'입니다. "똑같은 사료를 줘도 매번 똑같이 좋아해요. 간식 주고, 산책 나가면 더 좋아하고요." 보호자는 이렇게 말합니다. 쿠마는 자기가 가진 매력을 앞세워 복잡한 계산을 하지 않고 사람과의 만남 자체를 좋아하는 것입니다. 녀석은 자기 앞에 있는 사람과 교감하는 것에만 집중합니다. 그 만남에 다른 계산을 끼워 넣지 않으니 우리도 그 만남을 유지하는 데 촉각을 곤두세울 필요가 없습니다. 편안하게 해 주는 것만으로도 충분히 좋은데, 그 가운데 아름다움을 만나니 매력은 더욱 증폭됩니다.

사실 예쁘고 귀여운 개들은 아주 오래전부터 사람 곁에서 지낼 수 있었습니다. 그런데 예쁘고 귀엽다는 느낌이 소중하다 해도 그 느낌으로만 반려동물을 대할 수는 없는 일입니다. 그 느낌은 관계의 출발점일 수 있고 변함없는 감동을 줄 수는 있으나, 반려동물에게서 받는 여러 가지 요소 중 하나일 뿐입니다. 비즈니스적 대상이 아니라 전면적인 관계를 맺는 상대라면, 그런 점 하나만으로 안정적인 만남을 이어 갈 수는 없습니다.

관계의 안정된 지속은 어쩌면 놀람보다는 편안함에 있는 것 같습니다. 납득할 수 있고 예측할 수 있는 기본적인 바탕 위에 놀랄 만한 것들이 감미료처럼 섞여 있는 것입니다. 놀람의 시간이 가면 평안의 시간이 옵니다. 쉽게 자주 놀라는 사람도 있지만 그렇지 않은 사람도 있습니다. 모두가 공통적으로 놀라는 상황은 생각보다 흔치 않고, 시간이 지나면 그런 상황에 무뎌집니다. 객관적 요인이 주관적 기준에 절묘하게 부합하는 놀람의 지속 시간은 사람마다 다릅니다. 뒤이어 찾아오는 평안함의 시간에는 반려동물이 뭘 해도 귀엽습니다. 그 지점은 매우 내밀한 주관적 영역입니다. 모두가 공통적으로 느끼는 매력이 있는 반면, 남들은 모르지만 자기만 느끼는 매력도 있는 것이지요.

반려동물이 누구에게나 인정받을 만한 외모를 갖지 못했더라도, 나와 오랜 시간 교감하는 과정에서 그와 무관한 숱한 아름다움을 발견하게 되고, '아, 이 녀석과 함께 있는 여기가 바로 천국이구나' 할 정도의 편안함과 좋은 느낌을 갖게 될 때가 옵니다. 그런 일을 자주 겪다 보면 그런 평안함을 쉽게 느낄 수 있는 감각도 키워집니다. 남들이 모르더라도 내 눈에는 예쁜 반려동물의 수만 가지 모습을 알게 되며, 이런 경험들이 쌓일수록 우리 삶의 질도 올라갈 것입니다.

• 끊이지 않는 기쁨

반려동물과 함께 지내는 것을 좋아하는 듯 보이는 사람들에게 뭐가 그리 좋으냐고 물으면 하나같이 즐겁다고 합니다. 자기를 졸졸 졸졸 따라다니는 것도, 함께 산책하는 것도, 붙어서 자는 것도, 먹는 것을 바라보는 것도, 함께하는 일들 하나하나가 모두 즐겁다는 것입니다.

　매일 한 번씩 저희 동물병원 앞을 산책길에 지나는 '복실이'라는 강아지가 있습니다. 중년 어머니와 젊은 아들이 항상 함께합니다. 동물병원에 들어오는 것을 싫어하는 강아지들도 많은데, 복실이는 언제나 들어오려고 동물병원 출입문을 긁어 댑니다. 천진난만 그 자체지요. 아무 일 없이도 들어와서 다른 보호자들, 다른 강아지들과 함께 놀다 가기도 합니다. 그러다 보니 만나면 저도 저절로 한번 안아 주고, 간식이라도 하나 선물로 주게 됩니다. 그 쾌활함과 발랄함이 주변을 압도하여 함께 있는 모든 사람을 웃게 합니다. 복실이가 아플 때가 아니면 복실이와 함께하는 그 모자는 항상 즐거워 보입니다.

　진료실에 들어올 때부터 웃는 얼굴인 '제리'라는 고양이의 보호자는 어머니와 초등학교 고학년인 딸입니다. 아직 크게 아픈 적이 없고 백신, 구충, 중성화 수술 등 예방의학적 처치들만 진행되고 있는 상황이어서, 저와 특별히 심각한 이야기를 나눌 일은 없습니다. 한번은 제리를 안고 무척 밝은 미소를 지으며 모녀가 진료실로 들어오길래 무슨 좋은 일이 있느냐고 물으니, 어머니가 아니라고, 제리랑 있으면 그냥 너무 좋다는 것이었습니다. 무엇보다 일어나서부터 잘 때까지 제리가 자신을 졸졸 쫓아다닌다는 것입니다. 애교 많고 친화력 좋은 고양이, 속칭 '개냥이'입니다. 자랑삼아 이야기하는 엄마의 모습을 딸도 웃음 가득 안고 바라볼 뿐 전혀 질투하는 빛이 없습니다. 딸에게도 뭐가 그리 좋으냐고 물으니, 딱 하나 집어 말하기는 어렵지만 하나하나가 다 좋다고 하는데, 올라가는 입꼬리가 그 모든 말이 의심할 바 없이 진심임을 알게 해 줍니다.

　무엇이 그리 즐거운지, 어떤 점 때문에 그리 즐거운지 저도 잘 모르겠습니다. 복실이와 제리 보호자가 그런 감정을 느끼는 것은 그 녀석들이 내뿜는 생기 때문이 아닐까 싶습니다. 아등바등하며 스트레스받는 상황이 아니라 여유 있고 발랄할 때 저절로 퍼져 나가는 그 힘에 즐겁게 감화되는 것 같습니다. 좋아해야 알 수 있고, 좋아해야 보이는 세상이 있습니다. 그런 세상으로 우리를 이끄는 힘을 많은 반려동물들이 갖고 있는 것 같습니다. 우리가 지금 숨 쉬고 있는 것도 잘 생각해 보면 참 신비로운 일이지만, 반려동물이 우리에게 온다는 것, 우리가 그들과 만난다는 것, 그리고 서로 즐겁게 지내는 것도 신비롭기 그지없는 일입니다. 그들도 그 상황을 충분히 좋아하면서 편안해할 수 있도록 우리도 신경 쓸 필요가 있어 보입니다.

• 반려동물이 주는 무조건적인 사랑

　고양이가 내게 와서 쿵 부딪치는(head bunting) 순간, 내가 깨집니다. 강아지가 쏙 하고 품에 파고들어 나를 핥는 순간, 내가 녹아

내립니다. 갇혀 있던 내가 사라지며, 집착하던 내가 사라집니다. 잠시나마 나와 나 아닌 것, 시간과 공간에 대한 감각이 사라지며, 경계가 되었던 벽이 무너지는 것을 느끼고 편안해집니다. 반려동물에게서 느끼는 평안함의 시작점은 여기인 것 같습니다.

아무리 머리 아픈 일이 많았던 날도 퇴근하고 밥 먹고 강아지와 산책을 하면 고민이 많이 가라앉습니다. 아무리 힘든 일이 많았던 날도 골골대는 고양이를 안고 편히 누우면 피로가 싹 가십니다.

사람이 정서적으로 어떤 임계점에 있을 때도 반려동물은 편견 없이 곁에 있어 줍니다. 너무 지치고 힘들면 다른 사람의 격려와 도움도 부담스러울 때가 있습니다. 그럴 때 곁에 있는 반려동물의 온기와 미소, 짖어 댐과 골골댐, 비벼 대는 뺨과 흔들리는 꼬리, 곰곰한 발 냄새와 볼에 닿는 뱃살은, 그 어떤 부담도 주지 않으면서 나 스스로 기운을 차릴 수 있도록 아주 작은 여유를 선사합니다.

많은 사람들이 개는 배신을 하지 않고, 고양이는 도도한 모습을 가져서 좋다고들 합니다. 그런데 정말 그 이유만으로 그 개, 그 고양이가 좋은 걸까요? 배신당한 일에 이런저런 상처를 입은 사람이 자신의 마음을 투영하여 개의 모습을 해석하는 것은 아닐까요? 작은 것에 쉽게 허물어지고 안달하는 자신의 모습이 싫은 사람이 언뜻 자기와 달라 보이는 고양이를 보고 여유롭고 도도하다고 여기는 것은 아닐까요? 개도 종종 배신하고 고양이도 자주 집착합니다. 그

들도 질투하고 비틀린 심사를 부리기도 합니다. 다만 그들은 꿍꿍이가 없습니다. 대부분 액면 그대로입니다. 조금 이상한 행동을 해도 왜 그러는지 금세 보입니다. 진심인지 아닌지 의심할 필요가 없는 만남, 그런 만남이 처음부터 끝까지, 그들이 태어나서 죽을 때까지 계속됩니다. 지속적으로 편안하게 사랑을 주고받는 관계를 맺을 수 있습니다. 그러니 관계에 간극이 없고 스트레스가 적을 수밖에 없습니다. 어떤 존재로부터 무조건적인 사랑을 받는 경험을 우리는 반려동물을 통해서 할 수 있습니다.

• 더 좋은 사람이 되도록 이끄는 만남

고양이 두 마리가 내 곁에서 쌍으로 골골대거나, 실컷 뛰어논 강아지가 내 곁에서 코를 골며 자고 있다면 여기가 바로 천국입니다. 반려동물과 함께 지내며 나와 남의 경계가 허물어지는 이런 경험을 자주 하면, 잡념에 시달리지 않고 편안하고 유연하게 살게 됩니다. 편안하게 멍때릴 수 있게 되기도 하고, 즐거움과 따뜻함을 자주 느끼기도 합니다. 말은 쉽지만 요즘 같은 복잡한 세상에 이런 일이 그리 흔하지 않습니다. 어릴 때부터 이렇게 긴장하지 않고 안정된 상태에서 살 수 있다면, 뒤틀리지 않고 자신의 성정을 펼쳐 나갈 수 있으며, 항상 접하는 주위의 자극에 안정적으로 반응하고 자신의 새로운 모습을 발견하며 성장해 갈 수 있을 것입니다.

언어에 의존하지 않고 메시지를 전하는 동물들과 교감하는 과정을 통해 우리는 비언어적 의사소통에 익숙해집니다. 감각적으로나 정서적으로 매우 민감하고도 섬세한 존재가 될 수 있습니다. 또 '내가 어떤 상황에 놓여 있는가, 이 상황에서 내가 어떤 역할을 해야 하는가, 내가 하면 좋을 일과 하면 좋지 않을 일은 무엇인가'에 대해서, 누군가에게 지시받지 않고도 스스로의 힘으로 생각할 수 있게 됩니다. 어릴 때부터 이런 경험을 하는 사람은 주변을 살피고 자신을 돌아볼 수 있는 역량을 갖춘 사람으로 성장할 것입니다. 아울러 안정감과 공감 능력이 증대되어 살아가면서 이유 없는 불안감이나 쓸모없는 부딪힘을 덜 겪습니다. 이런 경험이 없는 사람에 비해 여러모로 여유 있고, 폭넓은 삶을 살 가능성이 높은 것입니다.

반려동물과 함께 단단하게 자라는 아이

밝아진 우리 집

반려동물을 키우기 시작할 때 꼭 무언가를 바라는 것은 아니지만, 키우다 보면 좋은 변화가 많이 생깁니다. 더욱이 아이가 있는 가정이라면 더 많이 생깁니다.

가장 큰 변화라면 집안 분위기가 밝아진다는 것입니다. 반려동물은 계속해서 움직이고 소리를 내거나 와서 비벼 대는 등 다양한 방식으로 가족들을 자극합니다. 일거리는 생길지언정 심심할 틈이 없습니다. 그 덕에 가족 간의 대화가 늘어나고, 웃을 일이 더 많이 생깁니다. 반려동물이 없을 때에 비해 가정의 분위기가 더 밝고 평화로워지며 전체적인 행복 지수가 올라갑니다. 그런 분위기 속에서 성장하는 아이는 자연스럽게 밝은 성격을 갖고 소통에 능한 사람이 될 가능성이 클 것입니다.

책임감을 키우는 아이

또 다른 변화라면 정서적 안정과 책임의식이 생긴다는 점입니다. 반려동물이 쾌적하게 지내며 가족과 공존하기 위해서는 해야 할 일들이 많습니다. 매일 두세 차례 일정한 방식으로 사료를 줘야 하고, 수시로 물을 갈아 줘야 하며, 배뇨·배변 처리를 해야 합니다. 자주 놀아 줘야 하고, 빗질도 규칙적으로 해 줘야 하며, 아플 때는 치료를 해야 하고, 아프지 않더라도 백신이나 구충 등 예방의학적 조치를 해 줘야 합니다. 개라면 정기적으로 목욕을 시켜야 하며, 미용을 꼭 해 줘야 하는 경우도 많습니다. 건강하다면 매일 산책을 시켜 주는 것이 좋습니다. 특별한 문제가 없어도 기본적으로 해야 할 일이 무척이나 많지만, 이런 일들은 힘겨운 노동으로 여겨지지 않고, 재미있고 즐거운 일로 느껴집니다. 안고, 쓰다듬고, 비벼 대는 감미로운 접촉을 통해 보호자는 근원적인 안정감을 느끼고, 약한 존재를 전적으로 돌보는 이런 행위들을 매일 즐겁게 해 나가는 동안 책임의식이 길러집니다. 아이가 이런 과정을 겪으며 성장한다면, 이전에 알지 못했던 또 다른 하나의 세계를 경험하게 되는 것이라고 할수 있습니다.

섬세한 소통을 배우다

그리고 좀 더 내밀한 변화가 한 가지 더 일어나는데, 진실을 전달하는 섬세한 톤을 갖게 된다는 점입니다. 사람은 언어적 표현을 통해 많은 의사를 전달합니다. 그러나 대화와 소통 과정에서 진심이 전달되는 데에는 언어적 표현뿐만 아니라 표정이나 제스처, 목소리의 높낮이나 호흡 같은 비언어적 부분도 그에 못지않게 중요합니다. 똑같은 말도 매우 가식적이고 비호감으로 들릴 때가 있고 매우 진실되고 호감 있게 들릴 때가 있는데, 그것은 바로 이런 비언어적인 부분의 차이에 기인합니다. 하지만 이런 것들은 매우 섬세하고 미묘한 것이어서, 말로 설명하기 힘든 영역입니다. 보고, 배우고, 부딪히고, 교감하면서 저절로 익혀지며, 이 과정에서 의식과 무의식을 형성하면서 한 인간의 캐릭터가 자연스럽게 완성되어 가는 것입니다. 말하지 못할 뿐 아니라, 인간과는 전혀 다른 방식으로 세상을 살아가는 반려동물과 잘 공존하기 위해서는 이런 비언어적 부분을 이용한 교감에 익숙해질 수밖에 없습니다.

아이가 힘든 상황을 극복하고, 에티켓이나 매너를 지키고, 진실되고 의연한 자세로 살아갈 힘을 키워 줄 수 있는 방법은 많습니다. 거친 세상에서 사람들을 만나며 아이 스스로도 키워야 할 것들입니다. 하지만 섬세하고도 미묘한 차원의 소통은 사랑하는 존재와 끊임없는 교감을 통해 오롯이 배우곤 합니다. 제가 어딜 가려 하면 움직이기도 전에 강아지는 먼저 알아챕니다. 병세가 극에 달해 먹지도 삼키지도 못하던 고양이도 평생을 함께한 제가 손가락에 유동식을 묻혀 입술에 대면 억지로라도 먹어 줍니다. 그들은 자신만의 방법으로 저를 주시하고 있고, 저의 마음을 읽어 내는 듯합니다. 저도 그들이 두려워하며 도망가지 않게 하면서도, 접근 가능한 선이 어디까지인지 알아내는 데 한참이 걸린 것 같습니다. 보호자의 간절한 마음이 표현될 때 오랜 시간 함께한 반려동물이 그것을 분명히 알아챈다는 확신을 갖는 데도 꽤 오랜 시간이 걸렸습니다. 물론 아직도 척하면 모든 것을 알아채는 수준은 못 되고, 계속 조금씩 알아가고 있는 정도입니다.

　어렵지만 좀 더 설명해 보자면 그들은 제 말의 의미를 분절적으로 이해하지 못할지언정 제 말의 톤에 민감하고, 제 표정과 제스처에 섬세하게 반응하는 것 같습니다. 반려동물은 바로 이런 포인트를 자극하여 매우 풍성한 감성을 갖게 하고, 진심이 전해지고 감정이 교류되는 순수한 경로를 알게 해 주는 것 같습니다. 섬세한 톤은 반려동물 같은 이질적 존재를 사랑하고 그와 교감하는 과정을 통해서가 아니면 갖추기가 참으로 어려운 부분일 것입니다. 만약 여덟 살, 열두 살, 열다섯 살의 아이들이 자신의 성격이 형성되는 중요한 시기에 반려동물과 친밀하게 생활한다면, 관계 맺음을 두려워하지 않으며 다른 존재에게 섬세하게 톤을 조절하며 다가가는 성향을 오

롯이 갖게 될 것 같습니다. 이런 점들은 반려동물을 기르는 목적이
되어서는 곤란하지만, 많은 경우 반려동물을 기르는 일에 수반되는
부수적인 변화이며 자연스레 주어지는 선물로 보입니다.

2부 **입양을 둘러싼 고민들**

걱정부터 할 필요는 없어요

    반려동물을 가족으로 여기고 살아가는 사람들이 점점 많아지고 있습니다. 반려동물과 함께 지내면 좋은 점들이 공감을 얻고 있기 때문일 것입니다. 하지만 키우면서 겪을 수 있는 어려운 일들 역시 여러 가지 알려져 있고, 이런 점들이 반려동물 입양을 주저하게 되는 이유가 되기도 합니다.

반려동물과 함께하기 전의 고민들

    반려동물을 키울까 말까 고민하는 사람들에게 뭐가 제일 걱정이냐고 물어볼 때 가장 많이 언급하는 부분은 자신의 현재 생활에 불편이 생기지 않을까 하는 것입니다. 구체적으로는 다음과 같은 내용입니다.

— 생활에 지장이 생기지 않을까? 삶이 힘겨워지지 않을까?

— 뒤치다꺼리하느라 하고 싶은 일, 여행, 만남에 제한이 생기지 않을까?

— 털이나 배설물, 냄새나 소음으로 힘들지 않을까?

— 주변에 피해 주지 않으며 키울 수 있을까?

— 나 혹은 우리 가족에게 도움이 될까?

이런 문제들을 예측하기란 사실 어렵습니다. 겪어 보기 전에는 알 수가 없습니다. 생각보다 더 불편할 수도 있고, 어느 정도 해결책을 찾아 그에 맞춰 살기도 합니다. 우리가 할 수 있는 일은 먼저 경험한 사람들의 조언을 들어 보고, 찾아볼 수 있는 자료들을 참고하여, 감수할 수 있겠다 싶으면 자신의 가치관에 따라 선택을 하는 것입니다.

그다음으로 많이 하는 걱정은 경제적인 부분과 시간, 공간의 문제입니다. 즉 '발생 비용을 감당할 수 있을지, 그리고 충분한 시간과 공간을 제공할 수 있을지'입니다. 구체적으로는 다음과 같습니다.

— 내 수입으로 반려동물 기우는 데 드는 비용을 감당할 수 있을까?

— 반려동물에게 쾌적한 환경을 제공할 수 있을까?

— 너무 좁은 곳에 오래 가둬 놓게 되는 것은 아닐까?

　경제적인 문제는 의외로 간단합니다. 허용되는 폭이 넓다고 볼 수 있습니다. 최소한의 비용 이상을 감당할 여력이 있다면 시작이 가능합니다. 된장찌개도 만한전석(滿漢全席)도 한 끼 밥이라는 점에서는 같습니다. 욕심과 아쉬움만 컨트롤할 수 있다면, 다양한 선택지가 있기 때문에 경제적인 부분만 크게 부풀려 생각하지는 않아도 됩니다. 물론 도저히 감당하기 힘든 상황이라면 곤란합니다. 본인의 생활도 팍팍해지고, 반려동물의 삶도 처참해질 수 있기 때문입니다.

　할애할 수 있는 시간이 많지 않고, 제공할 수 있는 공간이 너무 작다면 좀 더 문제가 됩니다. 반려동물을 키우고 있거나 떠나보낸 많은 사람들이 사실상 가장 많이 미안해하고 아쉬워하는 부분이 이 점입니다. 그리고 키워 보지 않았으면서 반려동물 문화 확산에 반대하는 사람들이 다짜고짜 내세우는 논리도 이 부분과 관련되어 있습니다. '그렇게 좁은 데 가둬 두고 내팽개칠 거면 대체 왜 키우는 거냐?' 글쎄요, 이렇게 자극적인 욕을 먹을 만한 반려인들이 많지는 않겠지만, 만약 실제로 그렇게 동물을 방임한다면 욕을 먹어도 싸겠지요. 대부분의 반려인은 좀 더 넓고 쾌적한 환경을 제공하고, 좀 더 많은 시간을 밀도 있게 공유하고 싶어 하는데 그게 잘 안 되어 반려동물에게 미안해합니다.

반려동물을 대하는 나의 가치관은?

그다음은 다소 추상적이고 저마다의 가치관과 관련되어 있기도 한 문제들입니다.

— 반려동물과 함께 지내면 예상대로 좋을까?
— 반려동물과 함께 사는 것은 해도 괜찮은 일일까?
— 반려동물에게 죽음이 다가오면 그 상황을 견딜 수 있을까?
— 예상하지 못한 많은 문제들을 잘 해결해 낼 수 있을까?

이것들은 어떤 사람에게는 기우이고, 어떤 사람에게는 심각한 문제입니다. 닥치면 그때 생각하면 될 뿐 미리 걱정할 필요 없다는 사람도 있고, 고민이 해소되지 않는 상황에서는 한 발짝도 움직일 수 없다는 사람도 있습니다. 사실상 근원적인 문제고, 이런 문제에는 대체로 정답이 없습니다. 논쟁을 통해 해결되는 경우도 거의 없습니다. 스스로의 가치관이나 세계관에 입각하여, 공동체의 규칙을 침범하지 않는 선에서 결정하면 됩니다.

하지만 이 점은 분명히 해 둘 필요가 있습니다. 우리가 아마존에서 멸종 위기종을 잡아 와서 기르는 것은 아니며, 공존을 위해 우리가 할 수 있는 일들을 해야 한다는 것입니다. 많은 반려동물의 터전은 이제 야생이 아니라 인간의 품이라고 할 수 있습니다. 그들의 터전은 이제 숲이 아니라 우리의 곁이지요. 우리의 돌봄을 받으며 우리와 함께 사는 것이 더 나은 경우가 대부분입니다. 지금은 그들과의 공존 방식을 논의하는 것이 필요한 시점입니다. '그들을 왜 우리 곁으로 들여야 하는가' 하는 질문은 이미 오래전에 필요했던 것으로 보입니다. 자신의 생활을 편안히 유지하면서, 반려동물이 힘겨워하지 않을 만한 수준의 시간과 공간을 할애할 수 있는지, 반려동물과 함께하는 생활이 반려인과 반려동물 모두에게 좋을지 생각해 보면 됩니다. 물론 이는 다른 사람이 답을 내려 줄 수 없으며 상식을 벗어나지 않는 수준에서 각자 생각하고 판단할 일입니다.

예상하지 못했던 일들

반려동물을 키우다 보면 예상했던 어려움이 그대로 나타나기도 하지만 예상과 다른 경우도 많습니다. 키우기 전에 하는 걱정과 키우면서 실제로 겪는 일은 조금 다른 것 같습니다. 키우기 전에는 정말 많은 생각들을 합니다. 하지만 막상 키우기 시작하면 고민의 지점이 약간 달라집니다. 키우기 전에 했던 근본적이고 추상적이고 막연한 생각들이 수그러드는 반면, 현실적이고 구체적이고 분명한 일들과 마주하게 됩니다. 밥을 주고, 미용을 하고, 똥오줌을 치우고,

접종을 하는 등의 일들이 일상이 됩니다. 매일매일 뭔가를 하는 것은 아주 익숙해져서 생활의 일부로 자리 잡기 전까지는 힘겨운 일이지요. 어린 시절 매일 일기를 쓰던 습관을 어른이 되어서까지 이어 가는 이들은 그다지 많지 않지요. 매일 무언가를 꾸준히 하는 것은 그렇게 힘든 일입니다. 개나 고양이가 천수를 누린다면 15년쯤 사는데 이는 결코 짧지 않은 시간입니다. 많은 일들을 오랜 시간 해내야 합니다.

사실 키우기 전에 걱정하는 것만큼 반려동물 입양이 보호자의 일상을 심각하게 파괴하여 후회를 불러일으키는 경우는 생각보다 많지 않습니다. 일거리가 늘어나고 개인 시간과 공간이 다소 줄어들 순 있지만 그에 맞춰 생활하게 마련이고, 반려동물이 주는 수많은 기쁨들이 웬만한 불편쯤은 상쇄하고도 남습니다. 그래도 걱정을 안 할 수는 없습니다. 예상하지 못했던 일들이 많이 일어납니다. 구체적으로는 다음과 같은 일들입니다.

— 너무 크고 활동적이어서 점점 감당하기가 힘들어요.

— 밖에서 소리만 나면 짖어서 민원이 계속 들어와요.

— 너무 사나워서 발톱도 못 깎고 귀도 못 닦아 줘요.

— 물건을 자꾸 집어삼켜서 수술만 두 번째, 이번에는 마스크 끈을 또 먹었어요.

— 혼자 심심해하는 것 같아 둘째를 들였는데 둘이 너무 자주 싸워서 어찌해야

할지 난감해요.

— 경련이 심해서 *MRI*를 찍어야 하는데 비용이 너무 부담스러워요.

— 초노령견인데 만성신장병증이 와서 관리 비용이 부담스러워요. 개도 힘겨워 하는 것 같은데 어떻게 하면 좋을지 판단이 안 서요.

— 불쌍해서 구조했는데 새끼를 다섯 마리 임신한 상태인 걸 나중에 알았어요.

— 보호소에서 입양했는데 무릎 관절 질환이 심해 수술이 불가피하지만 비용을 감당할 수 없어요.

생각만 해도 난감한 상황들입니다. 제가 진료하며 보호자들에게서 자주 듣는 고민들입니다. 제가 해 줄 수 있는 일은 충분히 공감하며 보호자의 이야기를 들어 주는 것과, 최선의 치료책을 선택하기 어렵다면 가능한 차선책이나 다른 선택지들을 제시해 주는 것에 불과합니다. 간단한 문제에 대해서는 제시할 수 있는 조언이나 해결책도 다양하고 많지만, 아무 말도 해 줄 수 없는 상황도 적지 않습니다. 대부분은 경제적인 문제, 반려동물이 겪는 고통의 문제가 예상보다 커서 견디기 힘들어진 상황입니다. 개인이 해결할 수 있는 일이라면 할 수 있는 만큼 해내면 됩니다. 방안을 이리저리 수소문하고 찾아내 해결할 수 있는 만큼 해결해야 합니다. 이것이 반려인의 도리이기도 하고, 그래서 그들을 '보호자'라고 부르는 것이니까요.

그런데 때로는 개인이 감당할 수 없는 수준으로 일이 진행되기도 합니다. 그래서 공적 영역에서 감당할 수 있는 부분을 확대해 나가는 것이 필요합니다. 유기견과 유기묘를 보호하고 관리하는 시설이 확충되고 있고, 여러 동물 보호·관리 정책들에서도 많은 진전이 이뤄지고 있습니다. 노력과 시간, 에너지가 투여되어야 할 커다란 사안이 많습니다. 여전히 미진한 부분이 많지만, 이는 지켜 내야 하는 사회적 가치, 동물 의료 자원의 배분, 공적 업무의 한계 등과 관련된 문제여서 활발한 논의가 필요합니다.

반려동물 문화와 제도의 개선

함께하던 반려동물을 더 이상 돌보지 못하게 되면, 현재로서는 지인에게 맡기거나 공고를 내어 입양 보내는 방법 외에는 없습니다. 건강상의 이유 등 불가피한 사정으로 보호자가 더 이상 반려동물과 함께하지 못할 때, 공공기관이 운영하는 동물 보호 시설에 위탁할 수 있다면 좋을 것입니다. 하지만 아직 우리나라에서는 이런 수준의 돌봄이 가능한 공공 시스템이 작동되고 있지 않습니다. 그러나 이전에 비하면 많은 부분에서 반려동물 보호 정책이 진전을 보이고 있고, 일반적인 반려동물 문화도 개선되는 중입니다.

예를 들면 동물 관련 법안의 확대 및 강화, 반려동물 관련 영업의 제도적 정비가 지속적으로 이뤄지고 있습니다. 전면 개정을 거쳐 지난 2023년 4월부터 시행 중인 동물보호법에서는 공동 거주 공간 및 외부에서의 목줄 착용과 맹견의 입마개 필수 착용, 반려동물 자동차 탑승 시 뒷좌석 카시트 사용, 반려견을 묶어 키울 경우 2미터 이상의 목줄 사용, 이동장 이용 시 잠금장치 사용, 보호자 연락처와 등록 번호가 표시된 인식표 착용 등을 의무화하고 있습니다. 대중교통 이용 시 반려동물의 몸이 노출되지 않도록 기준을 강화하고, 산책 시 반려동물의 배변을 처리하지 않으면 과태료를 부과하는 등 다른 사람들과의 상생을 도모합니다. 반려동물 유기 및 학대 시 과태료 부과 및 처벌 등의 내용 역시 과거에 비해 상당 부분 진전된 것이라고 볼 수 있습니다. 그리고 동물수입업, 동물판매업, 동물장묘업이 허가제로 변경되었고, 맹견 사육 허가 제도가 도입되었으며, 반려동물을 다른 사람에게 전달할 때는 직접 전하거나 동물운송업에 등록한 업체를 통하도록 바뀌었습니다. 동물미용업과 동물위탁관리업 등에 대한 행정적 점검도 CCTV 의무화 및 위생 기준의 강화 등으로 이전에 비해 상당한 수준으로 개선되고 있습니다.

현재 실시 중인 동물등록제 시스템 덕분에 반려동물을 잃어버렸을 때 쉽게 찾을 수 있고, 이전에 비해 유기동물 발생률이 줄고 있는 점도 중요한 변화입니다. 그리고 동물 실험 윤리가 강화되었고, 지자체별 동물 보호팀을 운영하며 중성화 수술 지원 사업, 저소득층 반려동물 진료비 지원 사업 등도 펼치고 있습니다. 유기동물 보호 시스템 개선, 동물 학대 시 처벌 강화 등도 점진적으로 이뤄지고 있기에 사회적·제도적 측면에서 반려동물 문화가 점차 개선되어 가는 중이라 볼 수 있습니다.

또한 공동 주택이나 산책길, 공원 등에서 이른바 '펫티켓'도 이전에 비해 훨씬 잘 지켜지는 편이고, 유기동물, 불법 번식장, 반려동물 및 길고양이 학대, 맹견에 의한 인명사고, 반려동물의 법적 지위 및 동물권 문제 등이 끊임없이 공론화되며 사회적 의제로 논의되고 있으므로 그에 따라 전반적인 반려동물 문화도 한층 진전을 이뤄 갈 것으로 보입니다. 그 외에 아직은 일반적인 반려동물 문화로 정착된 것은 아니지만, 몇몇 기업에 의해 동물 의료 보험이 운영되고 있습니다. 지불해야 하는 보험료, 보장 항목이나 범위 등이 보호자들에게 전폭적인 호응을 받고 있는 상황은 아니지만 앞으로 반려동물 보호자에게 필요한 부분을 합리적으로 보장해 주는 방식으로 점차 정비된다면, 반려동물 문화 개선에 도움이 될 수 있습니다.

우리 가족에게는 어떤 반려동물이 어울릴까?

    반려동물의 입양을 고려하는 부모 가운데 개와 고양이 중 어느 동물을 입양할지 고민하는 경우는 예상 외로 많지 않습니다. 아이가 강력하게 원하든 부모가 강력하게 원하든 대개는 개면 개, 고양이면 고양이, 이렇게 분명히 한쪽을 선호하기 때문에, 어떤 품종의 개체를 어디서 입양할 것인가를 고민하는 경우가 더 많습니다. 하지만 어느 쪽에 대해서도 큰 반감이 없고 처음 입양을 고려하는 경우라면 두 종의 반려동물에 대한 사전 지식이 조금은 도움이 될 것입니다. 개나 고양이 어느 한쪽을 입양하기로 마음먹은 입장에서도 알아 두면 쓸모 있는 내용입니다.

고양이는 작은 개가 아니다

고양이에 대해 논의할 때 자주 언급되는, '고양이는 작은 개가 아니다'라는 유명한 말이 있습니다. 아무래도 역사적으로 개가 먼저 인간과 함께 살기 시작했기에 사람들이 개에게 더 친숙하며, 개에 대해 더 많이 아는 것이 보통입니다. 그러다 보니 개에게 하듯이 고양이를 대하는 경우가 많고, 그 과정에서 예상 밖의 상황이 종종 발생합니다. 둘은 겉모습만 다른 것이 아니라 소화 기관이나 대사 과정, 생활방식이나 예민한 정도 등 여러 면에서 큰 차이가 있는데, 이를 무시하고 진료하거나 관계를 맺게 되면 당연히 문제가 생깁니다. 그래서 이 말은 수의사에게는 개를 진료하던 방식으로 고양이를 진료하면 안 된다는 의미로, 보호자에게는 개에게 접근하듯이 고양이에게 접근해서는 곤란하다는 의미로 쓰이고 있습니다.

둘의 가장 큰 차이는 고양이가 영역 동물이고, 개는 무리 지어 살아가는 동물이라는 점입니다. 고양이에게는 독자적 세계를 안정적으로 확보하는 것이 가장 중요하고, 개에게는 위계질서 내에서 안전을 보장받는 것이 가장 중요합니다. 이 점이 둘 사이에 수많은 차이를 낳고, 그에 따라 우리의 대응도 당연히 달라야 합니다.

개는 중요한 상황에서 집단행동을 하며, 위계질서를 갖는 무리 내에서 각자의 역할이 있습니다. 사냥하는 들개 무리, 썰매 끄는 북극의 개들을 생각해 보면 금방 이해할 수 있을 것입니다. 개에게는 우두머리의 보살핌을 받으며 자신의 자리, 즉 위치와 역할을 보장 받는 것이 중요하며, 그에 따른 복종도 당연한 일입니다. 무리 내에 서의 커뮤니케이션이 필수적이기 때문에 짖는 소리, 꼬리의 움직 임, 심지어는 표정이라고 부를 수 있을 정도의 얼굴 변화 같은 것이 고양이와는 비교할 수 없을 정도로 다이내믹합니다. 감정이나 의사 표현을 분명히 해야 하는 삶의 방식을 갖고 있다 보니 나타나는 자 연스러운 모습입니다. 그래서 반려동물로서 개는 가족 내에서 자신 의 위치를 보장받고 싶어 하고, 우두머리로 보이는 존재에게 복종 하는 모습을 보이는 것입니다. 보호자의 외출은 자신이 무리에서 이탈되는 것은 아닌지 두려움에 휩싸이게 되는 싫은 상황이며, 보 호자의 귀가는 자신이 무리에 소속되어 있음을 안도하게 되는 좋은 상황인 것이지요. 보호자의 오랜 외출은 언제든 분리 불안을 일으 킬 수 있으며, 보호자와 떨어져 있다가 다시 만났을 때 즐거워하며 비비고 핥고 짖고 안기는 것은 지극히 당연한 행동이라고 할 수 있 습니다.

반면 영역 동물인 고양이는 자신의 영역이 누군가에게 침범되지 않고 유지되는 것이 중요하므로 항상 영역의 경계에서 그 너머를 주시합니다. 이는 누구의 도움도 없이 혼자서 해내야 하는 일이므 로 고양이는 매우 조심스럽고 신중하게 움직이며 관찰합니다. 누군 가에게 신호를 보내며 집단행동을 해야 하는 상황이 아니므로, 원활한 커뮤니케이션을 위한 다이내믹한 제스처가 필요치 않습니다. 우리가 예상했던 것보다 고양이도 여러 가지 표정을 갖고 있다는 보고도 있지만, 개에 비해 다양하지는 않다는 것이 지금까지의 상식입니다. 무리지어 살아가지 않기 때문에 꼬리를 과도하게 흔들거나, 다양한 소리로 감정을 표현할 상황이 개에 비해서 적은 편입니다. 영역을 침범하는 외부자를 향해 공격 메시지만 줄 수 있다면 충분합니다. 귀를 뒤로 젖히고, 꼬리를 몸통과 수평으로 하며, 언제든 앞으로 튀어 나갈 수 있도록 네 다리를 살짝 굽힌 채 입꼬리를 살짝 올린다면 곧 공격하겠다는 메시지이지요. 영역이 겹치는 경우, 충돌을 피하고 어느 정도 힘의 균형을 이루며 살아갈 수는 있지만, 한 팀이 되어 중요한 행동을 하는 경우는 거의 없습니다. 이처럼 고양이는 애초에 누군가에게 복종해야 할 일이 없는 삶의 방식을 갖고 있습니다. 개가 그러듯, 오라 하면 오고 기다리라고 하면 기다릴 것이라 생각하고 대하면 보호자는 실망할 수밖에 없습니다. 언제, 무엇을 할지는 고양이 자신이 결정합니다. 그래서 고양이가 자기 뜻대로 움직이지 않고, 오히려 고양이가 원하는 것에 맞춰 자신이 무언가를 하게 되는 상황을 자꾸 맞닥뜨리면서 보호자는 '집사'를 자처하게 되는 것입니다.

배변부터 놀이까지, 반려인이 돌봐야 할 것들

중소형견은 큰 문제가 없지만, 일부 대형견의 경우 실내 생활에 상당한 제한이 있을 수 있습니다. 대부분 개에게는 규칙적인 산책, 정기적인 목욕이 필요합니다. 털 날림이 생활의 불편 요소가 될 수 있으나, 견종이나 개체에 따른 차이가 매우 커서 털 문제로 인한 불편을 별로 못 느끼는 경우도 많습니다. 대개는 배뇨·배변 훈련이 필요한데, 산책 시에만 배뇨·배변을 하는 경우도 있고, 집 안의 일정한 장소 혹은 배변 패드에 하는 경우도 있습니다.

고양이의 경우엔 체격 차이가 그다지 크지 않습니다. 10킬로그램이 넘는 고양이는 10퍼센트가 채 안 되며, 2.5~7.5킬로그램 사이가 대부분입니다. 질병이 있거나 스트레스가 크지 않은 한 배뇨·배변은 모래 상자에서 잘합니다. 하루 한 번 이상 치워 줄 수 있으면 됩니다. 산책이 가능한 고양이는 흔하지 않습니다. 목욕에 대해서는 의견이 분분하나, 오물이 많이 묻었을 때나 일부 장모종처럼 스스로 털 고르기를 하는 데 한계가 있는 경우 외에는 평생토록 목욕하지 않고 잘 빗겨 주는 것만으로도 대개 충분합니다. 대부분의 고양이가 혀로 자신의 털을 핥는 그루밍을 통해 몸을 매우 깨끗하게 유지하는 편입니다. 한편 털이 없는 스핑크스종은 예외이나 고양이의 털 날림은 꽤 큰 문제이지요. 고양이의 털 문제를 해결하는 비법이 있다면 큰 부자가 될 수 있을 것입니다. 빗질을 해 주더라도 자주 청소를 해야 하며, 옷에서 털을 자주 떼어 내야 합니다. 그리고 아직은 개에 비해 상대적으로 사료나 간식, 장난감 등의 선택 폭이 좁은 편인데, 점점 다양해지고 있는 추세입니다. 자신의 여건을 고려하여 실내에서만 생활하게 할 것인가, 외부 출입을 허용할 것인가도 결정해야 할 문제 중 하나입니다.

한 가지 꼭 언급하고 싶은 점이 있습니다. 고양이가 영역 동물이고 개에 비해 독자적 성향이 강해서 도시에서 사는 사람에게 더 잘 맞다는 편견이 있는데, 반드시 그렇지만은 않습니다. 상대적으로 손이 덜 가고 혼자서 잘 지내는 편인 것은 분명합니다. 하지만 고양이라고 해서 독방 생활을 좋아하는 것은 아닙니다. 동물 행동학자 캐서린 홉(Katherine Houpt)에 의하면 길고양이들이 하루 중 62퍼센트 정도의 시간을 자고 쉬는 데 쓰는 반면, 집고양이들은 하루 중 85퍼센트 정도의 시간을 자고 쉬는 데 쓴다고 합니다. 먹이를 구할 일도 없긴 하지만, 그보다는 심심해서 그런 것이라고 볼 수 있습니다. 개를 산책시키듯 고양이도 틈틈이 놀아 줘야 하고, 활발하게 활동할 수 있도록 집 인테리어를 입체적으로 잘 구성하고 위험하지 않은 장난감을 제공해 줘야 합니다.

성급히 결정하지 않기를

반려동물을 기르고는 싶은데 개가 좋을지 고양이가 좋을지 아직 결정하지 못한 상황이라면, 특히 아이의 입장이 결정되지 않았다면 다음의 몇 가지를 해 볼 필요가 있습니다. 우선은 안전하게 접해 볼 기회를 갖는 것이 좋습니다. 예를 들어 공원에 가면 다양한 개들이 산책 중이고, 운이 좋으면 보호자들과 대화를 나눠 보거나 개를 만져 볼 수도 있습니다. 개나 고양이를 이미 기르고 있는 지인이 있다면 직접적 조언을 얻을 수도 있고, 보호소 봉사 활동 등을 통해 접해 볼 수도 있습니다. 이렇게 다방면으로 접해 보면 막연했던 생각이 구체화되고 이유 없는 선입견도 사라지게 됩니다. 선택권을 아이가 갖는 것은 여러모로 가정의 평화를 위해 좋습니다.

부모가 반드시 체크해야 하는 부분은 아이가 맹견 혹은 맹묘와 접하지 않도록 해 줘야 한다는 점입니다. 매우 심각한 사고로 이어질 수 있기 때문입니다. 또한 이전에는 몰랐는데 개나 고양이 전체 혹은 특정 개나 특정 고양이에 대해 알레르기 반응이 있으면 같이 생활하기가 너무 힘들고 경우에 따라서는 치명적일 수도 있기 때문에 피할 수 있게 해 줘야 합니다. 많은 비용이 들지 않으니, 사전에 내과나 가정의학과에서 아이의 알레르기 검사를 해 보는 것이 좋습니다.

현실에서 자주 발생하는 가장 위험천만한 상황은, 아이는 친한 친구가 반려동물을 키우게 되었다거나 하는 이유 등으로 과도하게 졸라 대고, 부모는 떼쓰는 자녀의 요구에 마지못해 입양을 결정하는 경우입니다. 함께 15년, 20년을 보낼 가족 같은 존재를 가정에 들여 함께 지내는 일입니다. 많은 부분에서 삶의 방식이 바뀔 수 있습니다. 앞뒤 안 재고 순간적인 충동으로 결정할 일이 결코 아닌 것이지요. 정말 기르고 싶은지, 기르면서 생겨나는 해야 할 일들은 어떻게 분담할지 서로의 의사와 입장을 확인하고, 시간을 갖고 합의한 후 충분히 여러 곳을 방문하여 결정해야 합니다. 이런 과정에서 이미 이런 문화에 익숙해져 있는 이들이 처음 발을 내디뎌 궁금한 점이 많은 사람들에게 실질적인 조언을 해 주는 것도 일종의 의무라고 할 수 있겠습니다.

우리 아이의 성향과 어울리는 동물은?

가족의 성향이 활기찬 아웃도어 라이프 스타일이라면 고양이보다는 개가 반려동물로 더 어울릴 수 있습니다. 가족들은 개와 집 안팎에서 계속 함께할 수 있고, 그런 상황을 많은 개들이 잘 받아들이기 때문입니다. 반면 차분하고 섬세하며 집 밖에 나가는 것을 좋아하지 않는 성격이어서 이를테면 코로나19로 인한 사회적 거리두기 상황에서도 별로 힘들지 않게 지냈던 사람들이라면 개보다는 고양이가 반려동물로 더 적합해 보입니다.

개든 고양이든 모두가 우리와 좋은 친구가 될 수 있습니다. 다만 친해지는 방식이 조금 다를 뿐입니다. 개와의 관계가 서로 무언가

를 적극적으로 주고받으며 시끌벅적한 상황을 함께하다 보면 헤어
질 수 없는 끈끈한 전우애 같은 것이 생기는 식이라면, 고양이와의
관계는 처음엔 거리를 두고 별 감정 표현도 하지 않다가, 갈수록 서
서히 스며들어 서로 더할 수 없이 깊은 교감을 나누게 되며 둘도 없
는 친구가 되는 식입니다. 개와 고양이 모두 인간의 좋은 친구가 될
수 있습니다. 아이를 포함한 가족이 어느 쪽에 더 끌리는지, 가정의
여건이 어느 쪽에 더 적합한지 잘 생각해 보면 됩니다.

선택의 갈림길에서

　반려동물 입양을 고려하는 계기나 목적 혹은 상황이 모두 다르고, 제공할 수 있는 시간과 공간, 경제적 여건이 모두 다르며, 원하는 종류와 스타일이 각기 다릅니다. 분양처에서 처음 만난 동물이 당신이 원하는 '기본적인 모습'을 갖추고 있길 바라는 것은 욕심일 수 있습니다.

　크게 아프지 않고 잘 먹고 잘 싸고, 충분히 애교를 부리고, 항상 나를 바라보고, 사납지 않고 털 날림도 심하지 않으며, 크게 돈 들 일도 없고, 내가 좀 맛있는 간식을 주기라도 하면 세상을 다 가진 듯 좋아라 하고, 내가 바쁠 때는 귀찮게 하지 않고, 남들이 한번 보면 소리를 지를 정도로 귀여우면서, 똥오줌도 알아서 잘 가리고, 함께 놀아 주지 못해도 집 안을 어지럽히지 않고, 함께 놀 때면 즐거워 어쩔 줄 모르지만 내가 외롭거나 슬플 때는 조용히 내게 안기는, 이런 모습을 모두 갖춘 반려동물을 만나기는 어렵습니다.

현실적으로 이런 반려동물은 거의 없기도 하지만, 처음 만난 반려동물이 그런 존재인 상황은 불가능에 가깝다고 봐야 합니다. 그런 존재가 기적처럼 내 앞에 나타난다 해도, 안타깝지만 얼마 지나지 않아 그에게 또 다른 무언가를 바라고 있을 것이 뻔합니다.

부모로서 두렵지만 해 볼 만한 일

반려동물 입양을 망설이는 부모들에게 무엇이 걱정이냐고 물으면 대부분은 다음 세 가지 유형에 포함됩니다.

— 입양한 반려동물이 과연 계속 즐겁고 건강하게 지낼 수 있을까? 우리 집에 잘 적응할까? 우리 집에서 편안해할까? 즉 여기가 그에게 적절한 터전이 될까?

— 반려동물과 함께 지내면 아이가 좀 편안해질까? 아이의 성장이나 인생에 도움이 될까? 쓸쓸하고 가족끼리 데면데면할 때도 있는 우리 집 분위기를 좋게 하는 데 도움이 될까? 가족 간의 유대 관계에 도움이 될까? 내가 즐거워질까? 우리 집에 잘 어울릴까? 다시 말해 예상대로 우리에게 도움이 될까?

— 내가 힘들지 않을까? 그동안 별 걱정 없이 했던 일들을 입양으로 인해 못 하게 되는 일은 없을까? 결국 뒤치다꺼리를 내가 맡아서 하게 될 것이 뻔한데, 내가 잘 해낼 수 있을까? 비용도 어느 정도 들 텐데, 부담되지 않을까? 헤어지

게 되는 상황을 견딜 수 있을까? 즉 내게 부담스럽지 않을까?

결국 크게 세 가지, 즉 반려동물의 입장, 가정에 끼칠 영향, 자신이 지게 될 부담 측면에서의 걱정이라고 할 수 있습니다. 이제껏 제가 먼저 반려동물 입양을 권유해 본 적은 많지 않았던 것 같습니다. 직업상 대부분은 입양한 후 발생하는 상황에 대해 이야기할 일이 많았거든요. 하지만 누군가 입양 전에 문의해 오면 예상과 현실의 차이를 알려 주며, 고려 사항과 장단점을 안내해 주고 스스로 결정하도록 하는 편입니다.

반려동물 입양은 그로 인해 당사자의 인생이 달라질 수도 있는 큰 문제이기 때문에 제가 먼저 '입양해라, 키워 봐라, 지내 봐라' 하고 강권하는 것은 주제넘은 짓이라고 생각합니다. 하지만 입양을 고려하고 있다면, 꼭 해 볼 만한 일이라고 말해 주고 싶습니다. '정말 해 볼 만하다. 힘들 거라고 걱정했던 부분들은 대개 해결되거나 해소되는 편이다. 예상치 못했던 좋은 일도 많이 생긴다.' 이렇게요.

인생의 특별한 시작을 놓치지 않기를
반려동물과 지낼 공간이 아주 좁고 함께 보낼 시간이 매우 부족하거나 자기 혼자 먹고살기도 빠듯한 그런 형편이 아니라면, 대부분의 가정은 반려동물에게 좋은 터전이 될 수 있습니다. 우리도 그

랬듯이 반려동물들은 자기가 놓인 상황에 맞춰 평안하고 즐겁게 지낼 수 있으니, 주어진 자신의 조건에서 정성껏 대해 주면 충분합니다. 지레 겁먹을 필요는 없습니다.

대부분의 반려동물은 가족 모두의 사랑을 받게 되며, 특히 성장기 아이들에게 무척 소중한 존재가 되고, 아이의 균형 잡힌 인격 발달에 엄청난 역할을 합니다. 반려동물도 어떤 가정에서 자기 삶을 시작하며 대개 평생을 가족과 함께 보내지만, 아이들도 어린 시절 반려동물이 가족의 주요 구성원인 환경에서 자라나게 됩니다. 함께 하며 매우 큰 즐거움과 편안함과 유연함을 갖게 되지요. 누군가를 소중히 여기고, 그에게 자신이 필요한 상황에 자주 놓이게 되며 그에 맞게 무의식이 프로그래밍됩니다. 즉 타인의 상황을 살피고 공감할 수 있는 그런 사람이 될 가능성이 커집니다. 질풍노도의 시기를 겪는 청소년이라면 매우 안정적으로 치유와 성장을 동시에 이룰 수 있습니다.

반려동물과 함께 지내면 아무래도 사람이 돌봐 줘야 하는 부분이 많지만, 그것이 감당하지 못할 정도로 힘들지는 않습니다. 분명 일거리도 늘고 약속 잡기가 불편할 때도 있고 여행에도 제한이 있지만, 대개 부담스러울 정도는 아니고 충분히 감당할 만하다고 할 수 있습니다.

반려동물의 입양이라는 큰일 앞에서 망설이는 것은 당연합니다.

덜컥 데려와 갑자기 가정을 혼란에 빠뜨리기보다는 일어날 수 있는 있는 일을 미리 알아보고 맞아들일지에 대해 고민하는 것은 반드시 필요합니다. 하지만 사람의 일이라는 게 대개 생각대로 되지는 않지요. 반려동물 입양도 마찬가지입니다. 요정 같기만 한 반려동물도 별로 없지만, 골칫덩어리이기만 한 반려동물도 별로 없습니다. 플러스냐 마이너스냐를 따지면 대체로 총합은 플러스가 됩니다. 하지만 반려동물과 지내다 보면 그런 계산을 하지 않게 되고, 그런 계산이 의미 없음을 느끼게 됩니다. 그저 함께해서 다행이라고 만족스러워하게 됩니다.

처음에는 내가 입양을 선택했지만 함께하는 시간이 어느 정도 흐르고 나면 결국 반려동물을 포함한 구성원 모두가 다 같이 지금에 이른 것이라고 생각하게 될 것입니다. 그러므로 반려동물을 입양할 때는 어떤 특별한 일이 생길 것이라 기대하기보다는 순수하게 함께 지내고자 하는 마음만 가지면 어떨까 싶습니다. 아마도 상상할 수 없이 놀라운 일들이 벌어질 것입니다. 결심이 섰다면, 특별한 시작을 놓치지 않길 바랍니다.

한 번 더 생각해 보세요

안 하던 일을 할 때는 대개 기대를 갖기 마련입니다. 갑자기 반려동물과 함께 지내보려고 할 때도 그렇습니다. 하지만 기대한 만큼 좋지 않아도 견딜 수 있기는 합니다. 또한 별문제는 없으나 특별한 감흥도 없어 무덤덤하게 지내는 경우도 있습니다. 대체로는 비율만 다를 뿐 골치 아픈 일과 즐거운 일이 계속 번갈아 가며 발생합니다. 문제는 반려동물과 함께하는 것이 지나치게 고통스러운 경우입니다. 이런 경우엔 입양에 대해 재고해 보아야 합니다.

알레르기가 있는 경우

보호자가 알레르기가 있다면 반려동물은 입양하지 않는 것이 바람직합니다. 한번은 저희 집 고양이가 새끼를 낳아서 아내의 지인이 입양을 한 적이 있습니다. 그 전에 여러 차례 저희 집을 방문하여 부모묘와 함께 지내보았지요. 고양이에게 전부터 관심이 있었으나 함께 지낼 엄두를 못 냈는데 용기가 생겼다고 했습니다. 마침 새끼도 태어났으니 입양이 가능하겠냐고 물었습니다. 충분히 잘 지낼 수 있는 상황인 것으로 보여서 흔쾌히 승낙했고, 적절한 시기에 본인이 가장 마음에 들어 하는 새끼 고양이를 데려가도록 했습니다.

  문제는 그다음이었습니다. 처음에는 잘 몰랐는데 갈수록 기침이 심해지더니 나중에는 기도 점막이 부어 호흡도 불편해지는 지경에 이른 것입니다. 검사를 해 보니 고양이 알레르기 수치가 정상의 70배나 되었습니다. 이제껏 만난 고양이들에게서는 간혹 가벼운 기침만 하는 정도의 반응을 보였으나, 데려간 그 고양이에게는 심한 반응을 보였던 것입니다. 어쩔 수 없이 그 고양이를 제가 다시 데려왔습니다. 같이 태어난 다른 고양이를 데려가 보아도 정도만 약간 다를 뿐 증상은 유사했습니다. 이미 감작되어서 고양이 털과 비듬에 대한 알레르기 반응이 쉽게 발생하는 상태가 된 것 같았습니다. 매일 새벽 응급실을 가면서 함께 살 수는 없는 일입니다. 이 사례에서처럼 접촉 전에는 알기 어려운 알레르기 소인을 가진 사람들도 꽤 많고, 특정 고양이에게만 알레르기 반응을 보이는 경우도 많습니다. 동물병원에 오는 보호자들 중 알레르기 약을 복용해 가며 반려동물과 함께 지내는 이들도 여럿 있습니다. 존경스럽지만 안타까운 일입니다.

반대하는 동거인이 있는 경우

그다음으로 공간을 공유하는 동거인들 중 한 사람이라도 반대한다면 입양을 강행해서는 안 됩니다. 공동으로 사용하는 공간에 대해 동거인 모두는 일정한 지분이 있고 권리를 갖습니다. 합의 없이 외부의 존재를 들여온다면 그것은 심각한 수준의 폭력입니다. 모두가 동의하고 간절히 바라는 상황에서도 예상치 못한 수많은 문제가 발생하여 함께 머리를 맞대고 해결 방법을 논의해야 하는 일이 잦은데, 그럴 때마다 "내가 뭐라고 했어? 그러니까 내가 데리고 오지 말라고 했잖아!"라는 소리가 나와 버리면 보호자에게나 반려동물에게나 못 할 일이 되고 맙니다. 보호자와 동거인들에게 반려동물은 많은 것을 챙겨 줘야 하는 이질적인 동거자라는 점을 잊어서는 안 됩니다.

가족 모두가 원해서 입양을 결정했더라도 힘든 일을 가족 중 어느 한 사람이 도맡아 하게 되는 경우가 많습니다. 누군가 반대하거나 동의하지 않았는데도 입양이 강행된 상황이라면, 이런 상황에서 다툼은 더욱 격화됩니다. 그래서 입양 전에 각자의 생각을 충분히 분명하게 말하고, 서로가 그런 점에 대해 일정한 기간을 갖고 확인하는 과정이 필요합니다. 서로의 생각을 잘 알고 있는 상황에서 입양하면 오해를 하지 않고 화목한 가정에 균열이 생기는 일을 방지할 수 있습니다. 그리고 설사 간절히 원하지 않는다 하더라도 입양에 동의를 했다면 가족 공동체가 함께 결정한 상황이므로 책임 있는 자세를 가질 필요가 있습니다. 반려동물에 대한 애정과 친화도는 각자 다를 수 있더라도, 본인이 감당해야 하는 일이 있다면 핑계 대지 말고 해야 합니다. 그것은 반려동물의 생존과 관련된 일이기 때문입니다. 물론 함께하면서 태도는 계속 바뀔 수 있습니다. 격렬히 반대하던 남편이나 아버지가 나중에는 가장 많이 애정을 갖는 경우도 흔하고, 처음엔 애지중지하다가 갈수록 시들해지는 아이들도 많습니다. 그러다 보면 현실에서는 대부분 아내 혹은 어머니인 여성이 궂은 일을 도맡아 하는 편이지요. 입양 직후뿐 아니라 이후에도 가족 구성원 모두의 책임을 이야기해 봐야 합니다.

시간적 여유가 없는 경우

세 번째로는 시간을 할애할 수 없는 경우입니다. 하루 중 열다섯 시간에서 열여덟 시간을 반려동물 혼자 지내도록 내버려 둘 수밖에 없는 여건이라면 입양을 재고해야 합니다. 더욱이 일주일 중 5일 이상 집을 떠나 있거나, 장기 출장이 잦은 일을 하고 있다면 절대 곤란합니다. 반려동물로 살아가는 개와 고양이에게는 보호자가 매일 규칙적으로 해 줘야 하는 수많은 일들이 있습니다. 그중 밥 주고 배뇨·배변 처리해 주는 것만큼이나 중요한 것이 함께 시간을 보내는 일인데, 이것이 안 되는 상황이라면 입양해서는 안 됩니다.

견종에 따라 하루에 최소 한두 시간 이상 반드시 산책을 해야 할 수도 있습니다. 산책을 나가야만 배뇨나 배변을 하는 특성을 가진 개체도 있고요. 이런 점을 고려하지 않고 충동적으로 입양하는 것은 정말 못 할 짓입니다. 또한 5개월령 이하의 어린 강아지나 고양이는 새로운 환경에 적응도 해야 하지만, 밥도 하루 서너 차례 먹어야 하는데, 그렇게 돌봐 줄 수 없는 상황에서 무턱대고 덜컥 입양부터 해 버리면 서로 매우 힘들어질 수 있습니다. 개에 비해 고양이가 보호자 없는 시간을 비교적 잘 보내긴 하지만, 개체에 따라서는 보호자가 없는 시간에는 밥도 먹지 않고 잠만 자는 경우도 있기 때문에, 집을 비우는 시간이 너무 길다면 입양을 심각하게 재고해 볼 필요가 있습니다.

반려동물을 물건으로 여기고 있진 않나요

마지막으로 반려동물을 철저히 물건으로 여기는 경우입니다. 연인끼리 반려동물을 선물하거나, 다양한 품종의 반려동물을 수집하듯 입양하는 일이 종종 있습니다. 함께 지내며 보호자의 가치관이 바뀌지 않는다면 그 반려동물은 도구처럼 다뤄지다가 생각대로 움직여 주지 않으면 쓸모가 없어진 물건처럼 버려지기 십상입니다.

아이의 정서적 위안을 위해 혹은 부모의 적적함을 달래려고 선물하듯 입양하는 행동도 깊이 생각해 봐야 할 부분입니다. '너를 위해 비싼 돈을 들여 샀다. 얘가 들어온 후 재롱떠는 덕에 나도 너도 즐거우니 얼마나 좋으냐?' 부모가 이런 태도를 보인다면 아이 역시 '살아 있는 생명들도 나를 위한 도구적 존재에 불과하며 내 맘대로 해도 되는 거구나'라고 생각하게 될 것입니다. 물론 결과적으로는 가족들이 정서적 위안을 얻고 외로움을 덜 수도 있을 것입니다. 하지만 그것은 선물일 뿐입니다. 반려동물 입양의 목적 자체가 그런 식이 되어서는 곤란합니다. 반려동물은 시간 때우기용 오락거리가 아니니까요.

3부 이제 당신은 '반려인'

입양이라는 선택, 가족이라는 책임

입양은 할 수도 있고 하지 않을 수도 있는 선택적 행위입니다. 반려동물을 입양한다는 것은 반려동물과 공존하겠다고 선택한 것입니다. 적극적으로 상황을 조성한 경우도 있고 수동적으로 상황을 수용한 경우도 있겠으나, 입양을 하기로 한 것은 자신의 의지가 개입된 선택임이 분명하며, 그것은 책임이 따르는 결정임을 의미합니다.

반려동물을 입양하는 세 가지 경로

「2023년 한국 반려동물 보고서」(KB경영연구소)에서는 사람들이 반려동물을 만나게 되는 경로를 자세히 분석하고 있습니다. 친구, 친지 등 지인을 통한 경우가 33.6퍼센트, 애견센터, 동물병원, 인터넷 등 각종 거래의 방식을 통한 경우가 42.5퍼센트, 동물보호센터, 유기 장소, 길 등에서 데려오는 구조의 형태가 19.9퍼센트, 기타 4.0퍼센트로 조사되었다고 합니다.

　한국에서 반려동물을 만나게 되는 경로를 각각 증여, 구매, 구조라는 세 가지 카테고리로 나눠 볼 수 있다고 봅니다. 증여와 구매는 그 대상을 전적으로 재물로 보는 것이고, 구조는 생명권의 개념을 포함합니다. 한 동물보호단체의 '사지 말고 입양하세요'라는 구호는 이런 입장을 강조한 것이라고 여겨집니다. 짧고 강렬한 이 구호에는 반려동물 유기 문제의 심각성, 반려동물을 소유물로 여기는 가치관에 대한 비판이 담겨 있습니다. 또한 매매되는 동물을 번식시키거나 경매하는 일부 장소에서 확인되는 비인도적 실태를 개선할 것을 촉구하고 있지요. 한국 반려동물 문화에 질적인 변화를 일으킨 의미 있는 메시지라고 할 수 있습니다. 동물보호법이 법률적 강제를 통해 반려동물 문화에 변화를 가져왔다면, 동물보호단체의 이런 메시지는 우리가 반려동물과 관계를 맺는 방식에 대한 의식상의 변화를 촉구하여 많은 의미 있는 성과들을 보여 주고 있습니다. 실제로 유기동물 입양 문화는 확산되고 있습니다. 2년 전에 비해 입양처 가운데 유기동물이 차지하는 비율이 15.5퍼센트에서 19.9퍼센트로 증가했으며, 입양하는 사람이 20~30대인 경우엔 더욱 높았습니다.

　이 구호를 통해 전달하려는 생각에는 반대할 이유가 없습니다.

하지만 약간의 혼란을 가져오는 부분이 있는데, 구조 이외의 경로는 모두 적절하지 않다고 오인될 수 있다는 점입니다. '입양'이라는 용어는 친생자가 아닌 다른 사람을 양자로 들여 법률적으로 친생자와 같은 신분을 부여하는 행위를 가리킵니다. 반려동물을 들이는 데 입양이라는 단어를 쓰게 된 것은 개나 고양이를 대하는 우리의 자세가 바뀌었기 때문입니다. 예전에는 '애완동물'이라 부르며 장난감처럼 여기다가 차츰 '반려동물'이라 부르며 가족처럼 대하면서 생겨난 용어지요. 이런 의식상의 변화가 생기기 전에는 '분양'이라는 용어를 주로 사용했습니다. 사실 분양은 전체를 여러 부분으로 갈라서 여럿에게 나누어 주는 것이고, 토지나 건물 따위를 나누어 팔 때 쓰는 용어입니다. '아파트 분양'을 생각하면 될 것입니다. 예전에 집에서 키우는 개가 새끼를 여러 마리 낳으면 아는 사람들에게 한두 마리씩 나눠 주거나 독특한 품종의 개나 고양이를 전문 업자들이 번식시켜 한두 마리씩 매매하는 과정에서 '분양'이라는 말이 자연스럽게 쓰였던 것으로 추정됩니다.

만남의 경로는 달라도 똑같이 느끼는 소중함

반려동물을 사람처럼 여기는 문화는 점차 확산되고 있습니다. 반려동물을 가족 구성원으로 인식하고 감정을 가진 하나의 인격체로 대하는 이런 현상을 '펫 휴머니제이션'(pet humanization)이라고 합니다. 하지만 반려동물을 사람처럼 여기는 것은 아직은 정서적 영역에 한합니다. 만약 법률적으로도 반려동물이 가족의 지위를 얻는다면 반려동물 입양 절차가 지금처럼 허술하지는 않을 것입니다. 현재 우리는 반려동물을 물건과 사람의 중간쯤에 있는 존재로 여기며 대하고 있습니다. 어떤 사람은 물건과 다름없이 대하는가 하면 어떤 사람은 사람 대하듯 하는 가운데 사회적 합의는 이루어지지 않았습니다. 재밌는 것은, 사람들이 이렇게 낑낑대며 반려동물의 지위를 논하지만 그들은 '그 자체로 완벽한 존재'이며, 우리의 판단이나 행동과 무관하게 예나 지금이나 잘 지내고 있다는 점입니다.

저는 현재 여러 마리의 고양이와 함께 살고 있는데 제가 그들을 만난 경로는 다양합니다. 지인에게 받기도 했고, 누군가 길에서 구조하여 잠시 보호하던 고양이를 데려오기도 했습니다. 어느 집 고양이가 출산한 여러 마리의 새끼 고양이 중 한 마리를 비용을 지불하고 데려오기도 했습니다. 증여와 구조와 구매 모두를 경험해 본 셈이지요. 제가 지금 각각의 고양이에게 느끼는 감정이나 친화도는 조금씩 다르지만, 그들과 어떤 경로를 통해 만났는지가 그것을 결정짓는 요인은 아닙니다. 처음 만난 방식에 대한 느낌이나 생각은 만난 지 몇 주 안에 거의 모두 사라집니다. 지금 내가 어떤 고양이에게 더 친밀하거나 짠한 감정을 갖는 것은 그들이 나에게 얼마나 다가오는가, 내가 그들에게 얼마나 매료되는가, 내가 그들에게 무엇이 미안한가 같은, 그들과 함께 지내며 쌓는 경험과 감정의 축적에 의해 결정되는 것 같습니다. 샀으니까 맘대로 다루거나 구조했으니까 더 가족같이 대하는 일은 전혀 없습니다. 아픈 상황에서 구조되었을 때도, 번식장에서 태어나 어미와 일찍 헤어졌을 때도 짠하기는 마찬가지입니다. 지인에게 받았을 때도, 펫숍에서 비용을 지불하고 데려왔을 때도 소중하기는 마찬가지고요.

문제가 되는 상황은 개선되어야 할 것이며 혼란스러운 용어는 아마도 자연스럽게 정리될 것입니다. 관련된 현실적 문제들도 행정이나 법률을 통해 진전을 이루게 될 것입니다. 이런 흐름은 사회 구성원들의 합의에 기반하여 이어지지, 강제한다고 이루어지지는 않을 것입니다. 해당 문화에 익숙한 사람들의 의식적인 혹은 암묵적인 동의를 통해 점차 조정되어야 하는 부분도 많습니다.

만나는 과정에서 돈이 오갔다 하더라도, 말 그대로 반려하는 동물로 받아들여 함께 지내다 보면 그들의 삶을 진정으로 인정하고 감싸 안을 수 있게 됩니다. 용어가 정착되기 전까지는 증여, 구조, 구매 등 모든 형태의 반려동물과의 만남을 '입양'이라고 부르며 이야기를 이어 가 보겠습니다.

마음을 준비하는 마음

반려인의 성숙한 자세

호의를 핑계로 상대방에게 무언가를 요구한다면 그것은 온전한 호의라고 부르기 힘듭니다. 상대방이 나의 호의에 화답하기를 기대하고 호의를 베푼 스스로에 대해 뿌듯해한다면, 그것은 호의라기보다 거래 혹은 적선이라고 하는 게 옳을 것입니다. 호의를 베풀 때는 기대와 요구를 버릴 줄 알아야 합니다. 그건 반려동물에 대해서도 마찬가지입니다.

반려동물은 나의 채찍질로 돌아가는 팽이도 아니고 장식장에 모셔 둔 트로피도 아닙니다. 퇴근한 나를 바라보며 무언가를 바라고, 늘어져 자는 휴일에는 뭔가를 하자고 배에 올라오며, 매일 일정한 시간에 밥과 물을 줘야 하고, 배설물을 치워 줘야 하는 존재입니다.

에너지 조절을 위해 산책도 해야 하며, 건강 관리를 위해 동물병원에도 가야 합니다. 그러면서 나의 활동, 나의 시간, 나의 느낌, 즉 반려동물과 접하는 영역에서 나의 삶의 모습도 이전과 달라지게 됩니다. 설혹 불편하고 귀찮아져도 기꺼이 받아들이겠다는 다짐, 그리고 그것을 핑계로 상대에게 뭔가를 요구하지 않겠다는 성숙함이 필요합니다. 그것이 바로 '애완'이 아닌 '반려'로 동물을 대하는 자세가 아닐까 싶습니다.

사료와 식기를 마련하듯 마음도 준비하는 일

반려동물을 입양할 때, 사람들은 대부분 물건들만 준비합니다. 하지만 더 중요한 일이 있는데 바로 마음을 준비하는 것입니다. 적선이 아니라 입양, 즉 관계를 맺고 한 공간에서 교감하며 살기로 결정한 것이므로, 그 공간의 물건들마저도 마음을 표현하는 매개가 된다는 점을 고려할 때 세심한 준비가 필요합니다. 무너진 갱도 안에서라면 건빵 한 부대와 물 한 드럼으로 몇 달 버틸 수도 있겠지만, 이건 그렇게 버텨 내야 하는 비상 상황이 아닙니다. 그의 삶이 나의 삶과 접하여 펼쳐지기 시작하는 것입니다. 담담하지만 풍성하게 살아야 하는 일상의 시간이므로 더욱 섬세한 배려와 준비가 요구됩니다.

요즘은 그럴 일이 거의 없지만, 어릴 때 친척이나 친구 집에서 잠을 자게 되면 그 가족들이 혹시 제가 불편해하지나 않을까 싶어 침구도 최대한 편하고 깨끗한 것을 마련해 주고 음식도 정성껏 차려 주었던 것이 기억납니다. 그런데 그들이 제게 아무리 잘해 주려 했어도 많은 것이 낯설어 저희 집에서처럼 편하게 있을 수는 없었습니다. 그렇더라도 잘 견딜 수 있었던 것은 그들이 저를 세심하게 배려해 준다는 것을 잘 알았기 때문입니다. 반려동물도 마찬가지입니다. 반려동물이 우리의 삶의 공간에 들어설 때는 우리가 아무리 세심하게 신경 써서 많은 것을 마련해 주더라도, 처음에는 마치 손님처럼 낯설어할 것이고 눈치를 볼 것입니다. 먹을 것과 쉴 곳, 용변 볼 곳이 어디인지 확인하며, 우리가 자신에게 호의적인 존재인지 여부를 살피는 시간이 한동안 계속될 것입니다. 그러다가 하루 이틀, 한 달 두 달 시간이 흐르며, 그 공간이 익숙해지고 다른 존재들이 자기에게 호의적이라는 확신이 서면서 비로소 자기 집으로 여기며 편안하게 살아가게 됩니다. 우리는 그들이 놀라지 않고 잘 적응할 수 있도록 편안한 잠자리와 숨을 곳, 적절한 사료와 식기, 활기찬 생활을 위한 각종 위생용품, 필요하다면 함께 할 놀이나 장난감 등을 정성껏 마련하면 됩니다.

이 과정에서 가장 중요한 점은 '내가 너의 생존을 위한 기본 조건을 제공하지만 그 대가로 너를 구속하지는 않겠다, 너에게 집착하여 너를 힘들게 하지 않겠다, 공존할 수 있는 룰을 지키도록 요구하되 너의 방식을 이해하려고 노력하겠다' 하는 마음가짐입니다. 시간이 가며 애정이 늘어날 것이고, 서로에게 소중한 존재가 될 것이며, 그러면서 저절로 끝까지 책임지겠다는 다짐이 따로 필요 없을 만큼 긴밀한 관계가 될 것입니다. 이런 마음을 갖고 평화로운 공존을 위해 노력한다면 보호자도 반려동물도 모두 삶의 질이 높아질 것입니다.

어디서 입양해야 할까?

    앞에서 언급했듯이, 우리나라에서 반려동물을 입양하게 되는 주요 경로는 지인을 통한 증여, 분양처를 통한 구매 그리고 구조입니다. 앞서 저는 이 세 가지 방식 모두 '입양'으로 부르겠다고 이야기했지요.

지인을 통한 입양

    지인을 통한 입양은 어떤 집에서 새끼가 새로 태어나거나 여러 이유로 파양을 하게 되었을 때 이루어집니다. 알음알음 소식을 듣고 입양을 고려하고 준비하게 되지요. 따라서 시기를 예상하기 쉽지 않을 때가 많고, 내가 원하는 방식으로 계획적으로 진행하기 어렵다는 단점이 있습니다. 반면에 개체의 성향이나 습관, 건강 상태

등을 상대적으로 잘 알 수 있다는 이점도 있습니다.

구조하기 전 생각할 것들

구조는 직접 구조하여 입양하거나 이미 구조되어 임시 보호 상태인 개체를 입양하는 경우 두 가지로 나뉩니다.

동물을 직접 구조할 때는 몇 가지 유의해야 할 점들이 있습니다. 개의 경우 일단 유기된 것인지 놀러 나온 것인지 체크해 볼 필요가 있습니다. 도시에는 혼자서 외부 출입을 하는 개가 많지 않지만, 교외로 나가 보면 외부 출입을 자유로이 하는 개를 종종 볼 수 있습니다. 시골에서는 아주 흔한 일이지요. 목걸이에 보호자의 연락처가 있는지, 혹시 내장형 칩이 있는지 확인해 볼 필요도 있습니다. 한편 밖에서 어린 고양이가 야옹야옹 울고 있는 걸 보고 어미와 헤어진 불쌍한 고양이라고 섣부르게 판단하고 구조하는 경우가 있습니다. 오랫동안 어미가 나타나지 않고 탈수나 기아 상태에 빠져 있는 게 분명하다면 구조하는 것이 좋겠지만, 건강 상태가 나빠 보이지 않는 어린 고양이가 몇 시간 울고 있다고 무턱대고 구조하는 것은 적절하지 않을 수도 있습니다. 어미가 잠시 자리를 비울 때도 많기 때문입니다. 3주령 이하의 어린 고양이가 어미와 헤어져서 사람 손에서 키워지는 것은 불가피할 때를 제외하고는 적절치 않습니다. 구조할 때는 동물의 상태와 주변 환경을 종합적으로 파악하여, 구조하지 않으면 동물이 위태로울 것이 분명할 때만 신중하게 하는 것이 중요합니다.

어미와 떨어져서 곤경에 처한 새끼 고양이, 다친 고양이를 구조하는 경우도 있고, 혹은 오랜 기간 밥을 주다가 상황이 변해 집으로 데려오는 경우도 종종 있는데, 이는 운과 인연이 많이 작용한 것입니다. 흔히 '냥줍'이라고 하지요. 인공 포유, 치료, 적응 등의 과정에서 많은 우여곡절을 겪지만, 대부분의 입양자는 측은지심이 매우 강하여 웬만한 어려움은 잘 이겨 내는 편입니다. 고양이가 사람을 따라 집으로 들어왔는데 그대로 받아들이는 일도 간혹 있습니다. 구조가 아니라 고양이가 집사를 '낙점'한 것일 수 있습니다. '주웠다'거나 '찍었다'고 말하는 것이 그다지 좋은 발상은 아니지만, 우연히 발생한 큰 사건을 유머러스하게 표현한 것이라고 웃으며 넘어가도 될 것 같습니다.

이런 경우 출발이 산뜻하듯이 이후의 관계도 상당히 잘 유지될 때가 많습니다. 사람을 따라올 만큼 사람에 대한 고양이의 친화력이 강하고, 따라온 고양이를 흔쾌히 들일 만큼 보호자가 포용력 있는 사람이기 때문입니다. 다시 나가려고 하지는 않는지, 임신한 상태는 아닌지, 사람이나 동물에게 옮길 수 있는 심각한 질환이 있는 것은 아닌지 체크할 필요는 있습니다. 이미 키우고 있는 고양이가 있다면 엄청난 갈등 상황이 초래될 수도 있으니 더욱 신중해야 합니다. 이 책 뒷부분 Q&A의 '둘째를 들여도 될까요?'를 참조하면 좋을 것 같습니다. 입양을 결정했다면 식욕, 배뇨·배변, 컨디션을 체크하고, 구충과 기본 검진은 받을 필요가 있습니다.

보호소를 통한 입양의 방법들

개인이나 보호소가 임시로 보호하고 있는 개체를 입양하는 경우도 있습니다. 대개는 시설, 즉 보호소를 통한 입양이지요. 대부분 다양한 경로를 통해 들어온 유기동물이며, 연령, 스타일, 보호소 체류 기간, 질병 여부 등의 조건이 매우 다양합니다. 여러 차례 방문하여 살펴볼 수 있습니다. 봉사 활동을 하다가 입양을 결심하는 경우도 많습니다. 보호소에 따라 차이가 크지만 대부분은 구충, 백신, 중성화 등이 완료되어 있습니다. 보호소의 운영과 보호소를 통한 입양에는 공익적인 의미도 많이 포함되어 있습니다. 남에게 그 뜻을 강요하지 않는 한 누가 뭐라고 해도 숭고한 행위임이 분명합니다. 다만 질병 여부가 완벽하게 확인되어 있지 않고, 어린 개체가 아니라면 정서적인 트라우마를 가진 경우도 흔하다는 점을 숙지할 필요가 있습니다.

유기동물 보호소에는 지자체 운영 보호소, 동물보호단체 운영 보호소, 사설 운영 보호소 등 세 가지 형태가 있습니다. 지자체 운영 보호소를 통한 입양을 원한다면 국가동물보호정보 시스템 홈페이지(www.animal.go.kr) 또는 '포인핸드' 애플리케이션을 이용하면 공고된 동물들과 입양 절차를 자세히 살펴볼 수 있습니다. 동물보호단체에서 운영하는 보호소를 통해 입양을 원한다면 해당 단체의 가치 지향을 확인하고 홈페이지의 공고를 항상 확인해야 합니다. 사설 운영 보호소는 개인이 운영하는 곳으로 동물들의 위생이나 건강 상태의 편차가 큰 편입니다. 보호소마다 입양 절차, 입양 조건, 교육 여부 등에 차이가 있으며, 소정의 책임비나 중성화 수술 실시를 요구하기도 합니다. 사전 입양 교육을 하거나 입양 후 머물게 될 가정을 방문하는 경우도 있습니다. 자신의 가치관과 부합하는 보호소인지 본인이 직접 여러 곳을 다니며 확인한 후 결정할 필요가 있습니다.

보호소에서 입양을 결정할 때, 어떤 동물이 안쓰럽고 눈에 밟혀서, 혹은 첫눈에 반한 매력적인 모습이 다시 봐도 여전히 좋아서 마음먹기도 합니다. 하지만 그럴 때도 '우린 인연이야'라며 덥석 데려오기보다는 좀 더 신중히 판단할 필요가 있습니다. 모든 점에서 완벽한 사람이 없듯 모든 점에서 완벽한 동물도 없습니다. 다른 개체와 많이 다른 부분이 있거나 어딘가 아플 수도 있습니다. 개성이 강하다거나 장애나 지병이 있는 경우도 종종 있습니다. 도움이 필요한 동물을 입양하는 경우 그런 점을 감당할 수 있어야 합니다. 입양하여 키우다가 정이 들고 있는 단계에서 뒤늦게 알게 되어 고민하거나 후회하는 일이 없어야 합니다. 그래서 보호소에서 알고 있는 해당 동물의 상태나 특징, 현재까지 취해진 예방의학적 조치들에 대해 충분히 전달받을 필요가 있습니다. 당연히 관리자에게 해당 동물의 건강 상태에 대해 자세히 들어 봐야 하지만 모든 보호소에 수의사가 있는 것도 아니고, 있다 하더라도 충분한 건강 검진을 하지 못하는 경우가 많기 때문에 상당한 한계가 있는 것도 사실입니다. 그래서 입양 초기에 동물병원에 데려가 기본적인 건강 검진을 하는 것도 중요한 절차입니다.

이미 상처 입은 동물에게 또다시 상처 주지 않도록

질병이나 상처를 갖고 있는 동물을 보호소에서 입양할 때는 자신이 감당할 수 있는 한도 내에서 결정하는 것이 좋습니다. 측은지심이 앞서 야근이나 출장이 잦은 직업을 가지고 있으면서 서너 시간에 한 번씩 밥을 줘야 하거나 기저귀를 갈아 줘야 하는 동물을 입양하는 일은 적절하지 않습니다. 수백만 원이 드는 수술적 교정을 해야만 삶의 질이 어느 정도 유지될 수 있는 동물을 경제적으로 빠듯한 상황에서 입양하는 것도 바람직하지 않습니다. 그리고 보호소에는 정서적인 트라우마를 가진 동물들도 매우 많은데, 단지 귀엽다고 혹은 불쌍하다고 해서 덜컥 입양하면 서로에게 큰 상처가 될 수도 있습니다. 여러 차례 방문해서 본인이 감당할 수 있는 상태인지 파악하는 것도 중요하고, 데리고 와서도 동물이 마음을 열고 다가올 때까지 섬세하게 돌보며 기다려 줄 수 있는지 스스로 체크해 보는 것이 매우 중요합니다.

보호소에서 입양을 하는 분들은 대개 상처 있는 동물을 보듬어 주려는 선한 의도에서 결정하는 분들이 많습니다. 하지만 간혹 중고 시장에서 좋은 물건을 큰 비용을 지불하지 않고 '득템하듯이' 입양을 하는 분들도 있습니다. 실제로 예쁘다는 이유로 보호소에서 얼마 전 데려왔는데 건강 상태를 체크하려고 내원했다가 슬개골 탈구나 유선 종양이 확인되자 곧바로 파양하는 분들을 몇 번 본 적이 있습니다. 입양을 통해 상처가 있는 동물을 감싸 안는 일은 좋지만, 상처 입은 동물에게 또다시 상처를 주는 일은 좋지 않습니다.

분양처에서 비용을 지불하고 데려오는 경우

펫숍이나 분양도 함께 하는 동물병원 등의 분양처를 통해 계약서를 쓰고 비용을 지불한 뒤 동물을 데려오는 것도 아주 일상화된 경로입니다. 쉽게 접근할 수 있고, 여러 군데 다녀 볼 수 있다는 것이 장점입니다. 선택지가 다양하고 자신이 원하는 스타일의 반려동물을 자신의 일정에 맞게 입양할 수 있습니다. 대개는 아주 어릴 때 입양하게 되므로 그들의 삶은 입양한 보호자와 함께 시작됩니다.

그들은 대부분 국내외 번식장에서 태어나 경매를 통해 분양처로

오게 됩니다. 분양처에 오래 머물지 않고 입양되는 경우 그곳의 관계자도 개체의 상황을 잘 모르는 경우가 많습니다. 부모견이나 부모묘를 모른다는 점은 제한 요인이라고 할 수 있습니다. 너무 어린 시기에 분양되는 것도 문제점이 될 수 있습니다. 많은 전문가들은 최소 생후 8주는 넘어서 분양하는 것을 권고하는데, 종종 너무 어린 개체들이 분양됩니다. 6주령, 심하게는 4주령에 분양이 이뤄질 때도 있습니다. 너무 빨리 어미와 떨어져 분양이 이뤄질 경우 당연히 신체적으로나 정서적으로 발달이 저해될 수 있습니다. 큰 병 없이 제대로 어미젖을 먹고 이유를 한 개체라면, 8주 정도 되면 유치도 웬만큼 나고, 아주 작은 품종이 아니라면 체중도 700그램 이상은 됩니다.

또 하나 곤란한 점은 분양 시점 이전에 시작된 것으로 추정은 되는데 확진하기는 어려운, 혹은 치명적인 것 같지는 않은데 그냥 두기엔 애매한 질병들로 인해 보호자들이 곤란을 겪을 수 있다는 것입니다. 제도적으로도 소비자 피해를 예방하기 위해 동물판매업체의 준수 사항을 '동물보호법 시행규칙'에 규정하고 있습니다. 동물판매업체는 매매 계약서에 동물 입수 관련 정보, 품종, 색상 및 판매 시의 특징, 예방 접종 기록, 건강 상태, 발병, 폐사 시 처리 방법 등의 내용을 포함한 내용을 교부해야 합니다. 한국소비자원은 반려동물 입양 시 국가동물보호정보 시스템 홈페이지를 통해 판매업체가 등록된 업체인지 확인하고, 질병, 폐사 등의 문제가 발생했을 때 소비자분쟁해결기준을 준수하는지 여부를 계약서를 통해 꼼꼼히 살펴보길 당부하고 있습니다. 또한 동물보호법 시행규칙 별표 12로 표준적인 반려동물 매매 계약서를 예시하고 있는데, 여기에는 15일 이내 질병이 생기거나 보호자의 중대한 과실이 없는데도 폐사했다면 이에 대해 환급이나 교환을 할 수 있도록 명시하게 되어 있습니다. 대부분은 파보장염이나 범백혈구감소증같이 잠복기 2주 이내인 치명적인 바이러스성 질환 때문에 마련된 규정으로 알고 있습니다. 심각한 유전적 질환도 여기에 해당될 수 있을 것입니다.

분양업자와 보호자 사이에서 자주 발생하는 일은, 중증은 아닌데 그냥 두기엔 애매한 질병들과 관련된 문제입니다. 기침·콧물 등의 증상을 보이는 호흡기 질환, 구토·설사 등의 증상을 보이는 소화기 질환, 탈모·가려움증·농포 등의 증상을 보이는 피부 질환, 그리고 생명에 위협은 되지 않으나 분양 이후 발견한 가벼운 유전적 질환 등이 그것입니다. 활력은 웬만큼 유지되고 일부는 적응 과정에서 생기는 가벼운 증상인 경우도 많아, 시간이 지나며 자연스럽게 해결되거나 아주 간단한 처치 후 정상 컨디션을 회복합니다. 하지만 간혹가다 처음에는 가벼워 보이던 증상이 점점 심해져 뭔가 조치를 취하지 않으면 곤란한 상황이 되기도 합니다. 동물병원을 찾아 진단해 보니 치료 비용이 꽤 들거나, 평생 안고 가야 할 문제로 확인되었는데 계약서에 보장된 15일이 지난 시점이거나, 분양 당시엔 아무 문제 없었다고 분양업체 측에서 발뺌하는 경우가 너무나 흔합니다. 요즘에는 분쟁 발생을 피하기 위해 15일 이내 발생하는 가벼운 질환에 대해서는 연계 병원에서 치료해 주는 서비스를 실시하는 경우도 많습니다. 계약 시 이런 점에 대해 자세하게 문의할 필요가 있고, 입양 당일 가까운 동물병원에서 기본적인 건강 검진을 받아 보는 것도 좋은 방법입니다.

전문 브리더를 통한 입양

지인이나 보호소를 통한 입양 모두 여의치 않고 펫숍도 내키지 않는다면, 전문 브리더(breeder)를 통한 입양도 고려해 볼 만한 좋은 선택지입니다. 브리더는 견종 및 묘종 표준에 맞는 개체를 관리하고 번식시키는 전문가들입니다. 대개는 해당 품종의 특성에 맞는 적절한 환경 속에서 양육하려고 노력합니다. 부모견이나 부모묘를 확인할 수 있고, 입양 후 적응 과정에서 보호자가 힘들어하면 상당한 책임감을 갖고 도움을 줍니다. 입양 시 지켜야 할 규칙이나 입양자에 대한 교육을 자체적으로 실행하는 전문가적이고 자부심 있는 브리더들도 점점 늘어 가는 추세입니다.

전문 브리더를 통한 입양은 비용이 비싼 편입니다. 일반 번식장이나 수입업체를 거쳐 경매에 나오는 경우보다 노력과 비용이 훨씬 많이 듭니다. 그들은 자신이 기르는 동물에 대해 애정과 자부심이 클 뿐 아니라 고가의 입양 비용도 당연하다고 여깁니다. 이런 점에 동의하는 사람들이 전문 브리더를 통해 입양하게 됩니다. 대부분은 8주령 이상 어미와 함께 지내게 하려고 노력하고, 소비자 분쟁 해결 기준에 따른 계약서를 철저하게 준수하는 편입니다. 역시 자신이 상상하는 모습의 건강한 개체들이 있는지 여러 곳을 방문한 후 결정하는 것이 좋고, 혹시 계약금을 요구하더라도 너무 많은 금액을 지불하지 않는 것이 좋습니다. 개체의 건강 상태가 수시로 바뀔 수 있기 때문입니다.

독일처럼 지인이나 보호소를 통한 입양만 허용되고 반려동물을 상업적으로 매매하는 것이 금지된 나라도 있습니다. 오래전에는 사치품이 거래되는 프리미엄 시장처럼 반려동물 매매가 이뤄지던 시대도 있었습니다. 반려동물 입양의 방식은 나라와 시대마다 다르고, 모두 나름의 역사와 정황이 있습니다. 지금은 어떤 경로로든 누구나 쉽게 반려동물을 입양할 수 있는 시대가 되었고, 대부분의 나라에서 반려동물의 증여, 구조, 구매는 일반화된 입양 경로입니다. 입양 과정의 문제점들이 정비되어 반려동물도 보호자도 모두 편안하게 서로를 만날 수 있는 날이 빨리 오도록, 관계된 모든 이들은 더 많은 노력을 해야 할 것입니다.

반려동물이 우리 집 문을 들어서면

반려동물이 마침내 집에 왔다면 우리는 무슨 일을 어떻게 해야 할까요?

쉬게 하고 기다리기

우선은 기다릴 줄 알아야 합니다. 주의 깊게 관찰하되 안달하지 않고 지긋이 바라봐 줄 수 있어야 합니다. 이제 처음 만난 남녀가 서로 예의를 갖춰 알아 가는 단계가 필요하듯, 반려동물을 만났을 때도 마찬가지입니다. 반려동물에 대한 환상을 오늘 당장 실현할 수 있으리라 여기고 덤벼드는 것은 참으로 어리석고 난폭한 짓입니다.

처음 만난 날부터 마구 만지고 껴안는 행동은 절대 하지 말아야 합니다. 꼭 필요한 경우가 아니라면 입양 초기에는 목욕도 피하는

것이 좋습니다. 그는 아직 아무것도 허락하지 않았습니다. 아주 긴장된 상태이고 지금 필요한 것은 부담스럽지 않은 먹이와 편안히 쉴 곳입니다. 그러니 그것부터 제공해 주면 됩니다. 편안한 곳에 쉬게 하고, 밥과 물을 주고, 조금씩만 쓰다듬으며 힘겨워하지 않을 때 안아 주시길 바랍니다.

어린이가 있는 집이라면 더 조심해야 합니다. 어린이들은 강아지, 고양이가 장난감인 줄 아는 경우가 많습니다. 마구 만지고 껴안고 때리고 던지기도 합니다. 이런 과정에서 서로가 다칠 수 있습니다. 사리 분별이 가능한 어른이 개입해야 합니다. 시간이 필요하다는 것, 반려동물은 매우 연약한 존재라 함부로 다루어서는 안 된다는 것을 하나씩 알려 줘야 합니다. 알아듣지 못할 정도의 어린이라면 통제해야 합니다.

개체마다 시간의 차이만 있을 뿐 반려동물들은 대개 얼마 안 가 마음을 열고 다가옵니다. 트라우마가 없고 어리고 유순할수록 아주 빠르게 당신을 믿고 당신의 품을 파고들 것입니다. 그때 얼굴이나 미간부터 조심해서 만지고 부드럽게 안아 주고 싫다고 하면 놓아줘야 합니다. 기회는 계속 있기 때문입니다.

건강 검진은 필수
앞에서도 여러 번 강조했지만 입양 시에는 건강 검진을 하는 것이 좋습니다. 입양 시 건강 검진이 필요한 이유는 현실적으로 발생할 수 있는 위험한 요인들이나 괴로운 상황들을 피하기 위해서입니다. 수의사들이 입양한 개체의 건강 상태를 체크하며 "이렇게 하면 안 된다, 이런 것은 확인해야 한다, 이렇게 하면 위험하다, 이렇게 하는 것이 좋다……"하며 구구절절 이야기하는 것은, '반려동물이 많이 안 좋으니 당신은 겁을 좀 먹어라'라는 의미가 아닙니다. 간단한 질환들은 잘 이겨 내고 적응하게 되겠지만, 자칫 관리를 소홀히 하면 생명이 위태로워지거나 평생의 불편함이 초래될 수 있으니, 이런저런 점을 조심하는 것이 좋겠다는 노파심에서 하는 말입니다. 다음과 같은 다양한 수준의 검진 방식이 있으니, 개체의 상황에 맞게 선택적으로 진행하면 됩니다. 동물병원마다 검진 방식, 검진 항목이 조금씩 다를 수 있고 비용도 차이 날 수 있습니다. 저의 경우는 세 가지 방식 중 하나를 선택할 수 있게 안내합니다.

• 기초 건강 검진 및 내외부 구충

식욕, 활력, 배뇨 및 배변 상태가 양호한 개체에 대한 기본적 검사입니다. 호흡, 심박, 눈·귀·코·입, 피부, 모발, 사지, 꼬리, 발톱 등에 대한 관능검사를 하고 식욕, 활력, 배뇨·배변 상태를 문진으로 체크합니다. 내부 구충제와 외부 구충제를 투약합니다. 이후 적응과 동거 요령 등을 안내하고, 입양 첫 2주간 격리하며 체크해야 할 점들과 백신·중성화를 포함한 기초 예방의학적 안내를 합니다. 비용은 많이 들지 않습니다. 외관상의 건강 상태는 확인되지만, 기초 검진만으로 전반적인 건강 상태를 속속들이 체크하는 데는 한계가 있을 수 있습니다.

• 구조묘·구조견 건강 검진 및 내외부 구충

관능검사에 근거한 기초 건강 검진 내용에 추가하여, 객관적 지표를 통해 좀 더 면밀히 건강 상태를 확인하고 생명을 위협할 수 있는 감염성 질환에 대해 체크합니다. 기초 검진 후 일반 혈액 검사, 흉복부 방사선 검사, 분변 검사, 생명을 위협하는 치명적인 바이러스성 질환(개의 경우엔 파보장염 및 디스템퍼, 고양이의 경우엔 범백혈구감소증) 검사, 심장사상충 검사를 하고 내부 구충제와 외부 구충제를 투약합니다. 기초 검진보다는 비용이 좀 더 들지만, 현재 생명을 위협할 만한 질환이 있거나 다른 동물 및 사람에게 감염될 수 있는 질병을 갖고 있는지 여부를 기본적으로 확인할 수 있습니다.

• 종합 건강 검진

앞선 검사에 종합 혈액 검사, 복부 초음파, 사지 방사선, 요 검사, 신장조기검진지표인 SDMA 검사, 고양이의 경우 심근비대증과 관련된 pro-BNP 검사 등을 추가합니다. 항체가 검사, 췌장염 검사, 알레르기 검사 등을 추가할 수 있습니다. 비용이 좀 들지만 건강 상태를 종합적으로 체크할 수 있고, 안심해도 될 부분과 조심해야 할 부분을 명확히 안내받을 수 있습니다.

사료와 여러 물품 준비하기

가장 중요한 것은 적절한 사료와 배뇨·배변에 필요한 패드 혹은 모래 상자를 준비하는 것입니다.

일반적으로 사료는 나잇대에 따라 네 가지로 구분되어 있습니다. 4개월령 이하, 1년령 이하, 7세 이하, 7세 이상입니다. 제품에 따라 간단하게 1년령 이하의 자견·자묘용, 1년령 이상의 성견·성묘용 두 가지로 구분되어 있기도 합니다. 경우에 따라서는 전 연령 사료로 출시되기도 합니다. 급여량은 사료 포장지에 적혀 있는데, 사료마다 칼로리가 조금씩 다르기 때문입니다. 건식 사료만 주는 경우 보통 성장기엔 체중의 2~5퍼센트, 즉 체중이 2킬로그램이라면 하루 40~100그램까지 급여해도 됩니다. 성장이 끝난 후에는 체중의 1.5퍼센트, 즉 체중 5킬로그램이라면 하루 75그램 정도 급여하면 됩니다. 이는 사람이 보통 하루 세끼, 한 끼에 밥 한 공기씩 먹는 것과 같은 일반적인 이야기입니다. 사료마다 칼로리가 다르고, 개체마다 대사량 차이가 있으므로 세심하게 관찰하여 양을 조절하는 것이 좋습니다. 일반적으로 급여하는 건식 사료 외에 습식 사료를 함께 주는 것도 좋습니다. 6주령 이하의 어린 개체라면 인공 포유 혹은 이유식이 필요할 수도 있고, 특별한 질환이 있다면 그에 따른 처방식 사료를 먹여야 하는 경우도 있습니다. 사람이 먹는 것과 같은 재료를 익히거나 날로 주는 화식이나 생식을 고려하는 경우도 있으나 이에 대해서는 좀 더 깊은 연구와 개발이 필요합니다.

급여 횟수에 대해서는 다양한 견해가 있으나, 위의 크기와 성장의 속도를 고려할 때 일반적으로는 이갈이가 완료되는 6개월 정도까지는 하루 3회 이상, 그 이후엔 하루 2회 정도로 나누어 급여하면 큰 무리가 없습니다. 시간 간격과 급여 방식을 일정하게 유지하는 것이 좋습니다.

고양이의 경우 모래 상자, 강아지의 경우 배변 판이나 배변 패드를 이용하여 배뇨와 배변을 하게 합니다. 숨어 있거나 편안히 쉴 만한 케이지나 작은 집 등이 있다면 좋지만, 각자의 취향이 달라 기대대로 사용하지 않는 경우도 많습니다. 강아지의 경우 일정 기간 격리를 위해 사각장이나 펜스 등이 필요할 수도 있습니다. 장난감이나 빗, 목욕 용품, 옷이나 치약, 칫솔 등도 필요할 수 있으나 입양 당일 필요하지는 않으니 차차 마련해도 됩니다.

목욕은 어떻게 시킬까

목욕은 참 논란이 많은 주제입니다. 수의사들 사이에서도 의견이 갈립니다. 개와 고양이가 반응이 다르고, 개체에 따라서 목욕이 필요한 주기나 목욕 자체에 대한 반응이 다릅니다. 각종 매체에 서로 다른 다양한 방식들이 소개되어 있습니다. 제 의견도 여러 가지 견해 중 하나라는 점을 고려하시길 바랍니다. 임상 현장에서 느끼는 점들을 토대로 말해 보겠습니다.

여러분이 데려온 동물들은 여러분을 만나기 전 여러분처럼 매일 샤워하던 녀석들이 아닙니다. 그들은 이전보다 좀 더 깨끗한 곳으로 방금 거처를 옮겼을 뿐이고, 아마도 전보다 더 더럽혀지지는 않을 것입니다. 하지만 당분간은 자기 몸에 있는 지저분한 것들을 여러분의 집 이곳저곳에 묻히고 다닐 것이고, 여러분은 평소보다 좀 더 철저히 청소하게 되겠지요. 얼마 안 가 그들은 매우 깨끗해질 것이고, 여러분의 청소 강도도 처음보다는 조금 약해질 것입니다. 사람에 따라 거부감이 클 수 있고, 뭔가 많이 찜찜할 수 있을 것입니다.

처음 만난 날 다짜고짜 목욕을 시키는 일은 반려동물에게는 극악무도한 공포가 될 수 있다는 점을 명심할 필요가 있습니다. 물론 오물이 많이 묻은 경우 닦지 않을 수 없습니다. 어쩔 수 없이 목욕을 해야만 하는 경우가 있습니다. 하지만 몇 차례의 빗질과 물을 쓰지 않는 반려동물용 건식 샴푸를 이용해 5분 이내에 간단히 세정하는

것만으로도 우선은 충분히 깨끗하게 할 수 있습니다. 잘 먹고, 잘 싸며, 자신이 지내게 될 새로운 영역에 대한 일차적인 탐색이 끝날 때까지, 즉 생존을 위한 적응을 할 때까지 놀라게 하지 않고 도와주는 것이 당장 목욕시키는 것보다 더 중요한 일입니다. 입양 시 명심해야 하는 것은 '오늘은 반려동물과 함께하는 우리의 낭만적 인생 1일이야!'가 아닙니다. '걱정하지 마! 네가 잘 적응할 수 있도록 도와줄게'입니다. 여러분의 낭만적인 상상은 곧 이뤄질 수 있으니 조금만 기다리시길 권합니다.

피부 질환이 없는 건강한 개의 경우 눈, 입, 발가락 사이, 항문과 생식기 주위 정도가 냄새가 많이 나는 곳입니다. 심각한 감염이 없다면 피부에 땀샘이 없어서 사람처럼 금방 지저분해지지 않습니다. (물론 기름샘은 있어서 피부에 유분은 있습니다.) 차츰 적응기를 거치며 눈곱을 떼고, 눈물을 닦고, 구강 관리를 하고, 정기적으로 항문 주위가 깨끗한지, 정상 변을 보는지, 생식기 주위가 깨끗한지 체크하며 관리하면 됩니다. 건강한 개체라면 친해지고 난 후 2~4주에 한 번씩 목욕을 해도 무방합니다. 몸에 분비샘이 많이 발달된 지성 피부라면 5~10일에 한 번 정도 목욕해도 무방하나, 그보다 더 자주 한다면 오히려 피부 장벽을 상하게 할 수 있습니다. 견종이나 개체에 맞는 적절한 샴푸를 추천받아 적절한 간격으로 목욕을 하는 것이 중요합니다.

고양이의 경우 만나자마자 목욕을 시키는 순간, 카오스가 될 수 있습니다. (그렇더라도 대부분은 또다시 잘 지내게 됩니다.) 스스로 그루밍이 곤란한 장모종이 아니라면 평생 목욕이 필요하지 않은 개체도 많습니다. 목욕은 몸에 오물이 많이 묻었거나 극심한 피부 질환으로 약욕 샴푸의 적용이 필요한 아주 드문 경우를 제외하고는 거의 필요 없습니다. 일반적으로 고양이는 스스로 그루밍을 잘하는 편입니다. 오히려 강제로 목욕을 한 이후 밥을 안 먹거나 배뇨에 곤란을 겪는 고양이가 종종 있습니다. 정확한 수치는 아니지만 임상 현장에서 겪어 보니 100마리 중 5마리 정도의 비율인 듯합니다. 건강한 개체라면 친해지고 난 후 눈곱을 자주 떼 주고, 구강 관리를 하고, 정상 변을 보는지 체크하고, 생식기 주위가 깨끗한지 체크하며 관리하면 됩니다. 허용한다면 부드러운 빗으로 2, 3일에 한 번씩 가볍게 빗질을 해 주는 것은 피부나 모발의 건강 유지와 유대감 형성에 많은 도움이 됩니다.

장난감으로 놀아 주기

입에 문 장난감을 당기며 노는 개의 '터그 놀이' 혹은 고양이가 신나게 뛰고 추격하는 '우다다'는 어린 시절 사냥 놀이의 연장이라고 볼 수 있습니다. 반려동물화되며 더 이상 사냥할 이유는 없어졌으나, 들끓는 본능은 이들의 이빨과 발톱을 그냥 내버려 두지 않습니다. 이들은 사냥감을 추격하여 쓰러뜨리고 물어뜯고 할퀴는 행동을 비슷하게나마 해야 속이 시원해지도록 프로그래밍되어 있고 여전히 그 지배를 받습니다. 이른바 '행동 풍부화'라고 불리는 여러 놀이나 환경의 마련도, 반려동물이 자연 상태와 똑같이 살 수는 없을지언정 어느 정도 비슷하게 지내보라는 의도로 인간이 제공하는 애틋한 노력이라 할 수 있습니다.

개에게 가장 중요한 것은 산책입니다. 심각한 관절 질환이나 정서적 어려움이 없는 개라면 평지에서 충분히 산책하고 뛰어놀아야 합니다. 보호자와 터그나 프리스비 같은 놀이를 할 수 있다면 아주 좋을 것입니다. 사이사이 건강에 해가 되지 않는 간식을 준다면 개에게나 보호자에게나 천국이 따로 없을 것이고요.

고양이는 개와 달리 높은 곳에 오르내리고 싶어 합니다. 그래서 집 안의 여러 곳을 어려움 없이 오르내리고 뛰어다닐 수 있는 인테리어가 필요합니다. 무조건 캣타워나 캣휠을 사 줘야 한다는 것은 아닙니다. 책장 등을 활용해 높이가 다른 가구를 적절히 배치하여 쉽게 오르내릴 수 있게 한다면 굳이 캣타워가 필요하진 않습니다. 적절한 곳에 스크래처를 설치해 주는 것은 많은 도움이 됩니다. 고양이에게는 수백만 원짜리 소파와 10만 원짜리 책장이 큰 차이가 없습니다. 수십만 원짜리 숨숨 집이나 오늘 배달된 택배 상자가 별로 다르지 않습니다. 위험하지 않게 오르내릴 수 있는 구조, 뛰어다

니다가 숨을 수 있는 좁은 공간 등이 있으면 좋습니다.

　장난감이나 간식류 중 위험한 것들이 일부 있습니다. 칼이 요리 도구도 될 수 있고 살인 무기도 될 수 있듯이, 같은 물건도 어떤 개체에게는 위험하지 않게 놀 수 있는 재미난 장난감이지만, 어떤 개체에게는 생명을 위협하는 것이 되기도 합니다. 질긴 개껌 중 잘 풀리지 않거나 뜯어 먹기 힘든 형태들이 많은데, 성격이 급해 조금만 부드러워지면 곧바로 삼켜 버리는 습성을 가진 개들은 이런 것이 식도에 걸려 응급 상황에 빠지기도 하므로 조심해야 합니다. 빳빳하고 반짝거리는 비닐류의 고양이 장난감도 위험할 수 있습니다. 그냥 발로 툭툭 치면서 놀기만 하는 개체는 상관없으나, 반드시 보호자에게서 빼앗아 물어뜯고 삼켜야 직성이 풀리는 녀석들도 있습니다. 빳빳한 비닐이나 새끼손가락 굵기의 플라스틱 같은 것은 삼키게 되면 위장관 이물로 작용하여 수술적 처치가 필요한 경우가 많습니다. 개, 고양이 공통적으로 반드시 피해야 하는 것은 줄, 실, 끈으로 된 장난감, 10센티미터 이상 길게 풀릴 수 있는 직물 등 가늘고 길게 생긴 물체입니다. 반려동물이 이런 장난감을 좋아한다면 놀 때 옆에서 꼭 지켜보고, 놀이가 끝난 뒤엔 보이지 않도록 치워야 합니다.

　물어뜯을 수 없는 라텍스 재질의 장난감, 혹시 먹더라도 위에서 풀려 위험이 초래되지 않는 종이 재질의 장난감 등은 비교적 안전합니다. 예를 들어 휴지심이 양말 뭉치보다는 훨씬 안전합니다. 최근에는 굴리며 놀다 보면 간식이 하나씩 나오도록 설계된 행동 교정용 장난감이나 가만히 있다가 불규칙적인 리듬으로 스스로 움직이는 작은 공 모양의 장난감, 안전한 재질의 다면체 안에 고양이가 좋아하는 풀인 캣닙 뭉치가 들어 있는 장난감도 많이 나오고 있습니다. 보호자와 반려동물이 행복하게 유대 관계를 가질 수 있도록 도움을 주는 장난감이 계속 개발되고 있으니, 안전성을 점검하여 적절히 사용하려 노력할 필요가 있습니다.

반려동물 등록제도

반려동물 등록은 일종의 출생 신고와 비슷한 개념입니다. 국가기관에 반려동물의 신상 정보를 등록하고 보호자가 누구인지 명확히 하여 유기를 방지하는 매우 의미 있는 절차이지요. 3개월령 이상의 개와 고양이는 동물병원에서 신고할 수 있고, 주민등록증과 비슷하게 생긴 동물등록증을 받게 됩니다. 전국적인 네트워크를 갖춘 전산망을 통해 잃어버렸을 때 빠른 시간 안에 찾을 수 있게 해 줍니다. 사회적으로는 보호자에게 반려동물을 유기하지 않고 끝까지 돌보도록 하는 책임을 갖게 하며, 유기동물이 과도하게 증가하는 도덕적·행정적 문제를 방지할 수 있습니다. 또한 보호자에게는 자신의 소중한 반려동물을 갑작스럽게 잃어버렸을 때 다시 찾을 수 있는 강력한 보호막의 역할도 합니다. 입양하자마자 곧바로 해야 하는 것은 아니나, 3개월령 이상의 개체라면 입양 초기에 할 필요가 있습니다. 고양이는 무조건 내장형(마이크로칩)이고 강아지는 내장형과 외장형(인식표) 중 선택할 수 있습니다.

4부 반려동물을 지키는 방법

작은 존재의 입장에서 생각하기

저는 어릴 때 시골에 살았습니다. 서울 이야기를 가끔 듣긴 했지만, 그다지 가 보고 싶지도 않았고 궁금하지도 않았습니다. 그런데 삼촌들이나 동네 형들이 가끔 "귀엽다. 서울 구경 시켜 줄까?" 하며, 양손으로 머리통을 감싸 쥐고 몸 전체를 들어 올렸습니다. 전 아파서 사지를 버둥거리며 "아야, 아파, 하지 마!"라고 했지만 그들은 낄낄거리며 "이러면 서울 보이나? 안 보여? 이제 서울 보이지?" 하며 저를 더 높이 들어 올렸습니다. 머리통을 붙들린 채 버둥거리며 아파하는 저를 보며 그들은 즐거워했으나 저는 다시 잡히지 않으려고 소리 지르며 도망쳤습니다. 지금 생각해 보면 좀 끔찍한 장난이었습니다. 그들은 반은 장난스러운 마음으로, 반은 귀여워하는 마음으로 한 짓이었고 저도 그런 줄 알았지만, 하면 안 되는 야만적 놀이였습니다. 이젠 그런 놀이를 하는 사람은 없지만, 혹시 한다면 당장 경찰이 나타날지도 모르겠습니다.

지돌아, 미안했어

퇴근을 할 때면 저는 거의 항상 녹초 상태가 됩니다. 현관문을 열면 고양이 지돌이가 마중 나와 있었습니다. 어린 지돌이는 야옹거리며 8자를 그리며 제 두 다리 사이를 왔다 갔다 했고, 저는 그 녀석을 번쩍 들어 공중으로 던지며 "잘 있쩠쩌? 낮에 잘 놀았쩌?" 이렇게 혀 짧은 소리를 해 댔습니다. 그러면 지돌이는 "야옹"이 아니라 "그와아아아앙" 해 가며 비명을 질렀고, 아내는 기겁을 하며 제 등짝을 후려쳤습니다. 그 뒤로도 몇 차례 그런 일이 반복되자 아내는 저를 앉혀 놓고 제가 하는 짓이 지돌이에게 얼마나 불쾌하고 커다란 공포일지 설명했습니다. 저는 어린 저에게 서울 구경을 시켜 주겠다던 옛날의 그들과 똑같은 짓을 하고 있었던 것입니다. 그 이후 퇴근하면 멋모르는 지팔이, 쪼꼬, 쪼삼이 세 마리가 문 앞으로 나와 있고, 뭔가 아는 지돌이는 한 3미터쯤 떨어져 저를 물끄러미 바라봅니다. 무서운 일을 종종 당했어도 여전히 저에게 자기 몸을 붙이고 쉬거나 자는 이 녀석을, 저도 이제는 더 이상 귀엽다는 이유로, 힘든 하루를 마친 행복을 만끽한답시고 공중으로 던지진 않습니다. 볼 한 번, 머리 한 번 쓰다듬어 주고, 혹시 무릎에 앉으면 배를 주물러 줄 뿐입니다.

흔히 하는 실수들

참 많은 분들이 삼겹살이나 등심을 구워 먹다가 곁에 다가오는 개, 고양이에게 한 점씩 한 점씩 줍니다. 준 사람이나 받아먹는 녀석이나 더없이 행복한 시간을 보내고, 그중 일부는 다음 날 동물병원을 찾습니다. 돼지고기, 쇠고기는 잘 처리하지 않으면 일부의 개, 고양이에게는 위장관 염증이나 급성 췌장염을 일으킵니다. 그리고 질병으로 발전되지 않는 많은 경우에도 그것은 그들이 소화하기에 다소 힘든 음식입니다. 이런 것을 알기 전엔 저도 식당에서 고기를 먹다 남으면 키우던 강아지들에게 싸다 주곤 했었습니다. 아이가 아무리 맛있게 먹어도 아이스크림을 연속으로 세 통씩, 매운 떡볶이를 세 끼 연속으로 먹도록 허용하는 부모는 없을 것입니다. 비교하자면 이것은 그런 일입니다. 독약은 아니지만 문제가 될 것이 분명한 일을 허용해서는 곤란합니다. 자신이 사랑하고 보호해야 하는 존재에게, 잠시 동안은 기쁘지만 이후로 오래도록 고통스러울 것이 뻔한 선물은 당연히 주지 말아야 합니다.

반려동물의 마음을 어디까지 헤아릴 수 있을까?

입양은 쉽지 않은 일입니다. 반려동물에게는 삶의 터전이 바뀌는 일이고, 보호자에겐 이질적 존재를 위해 삶의 공간을 내어 주고 마음까지 내어 주면서 그에 따라 삶의 방식이 바뀌는 일이기 때문입니다. 지내다 보면 서로 의지하고 있다는 느낌이 들고, 힘든 시절을 함께해 온 이들이 갖는 전우애 같은 게 느껴질 정도로 친밀해지지만, 그렇게 되기까지는 집집마다 수많은 우여곡절을 겪게 됩니다.

'역지사지(易地思之)'라는 말이 있습니다. 상대의 입장에 서서 생각해 본다는 의미지요. 예수님이나 공자님도 같은 취지의 말을 한 적이 있는데, 인류의 문명을 성숙하고 세련되게 해 준 중요한 지침이기도 합니다. 그런 지침 덕분에 서로 적이 될 수도 있었던 사람들이 친구가 되었습니다.

하지만 우리가 진정 남을 이해할 수 있을까요? 자기 자신에 대해서도 제대로 알지 못하는 터에, 애써 노력하여 남의 입장에 서 본다 한들 상대의 처지를 얼마나 알아챌 수 있을까요? 우리는 서로에게 그저 풍경에 불과한 것 아닐까요? 어떤 선의의 노력으로도 그 간극을 넘어서는 것은 난망한 일이 아닐까요? 역지사지가 많은 평화를 이룬 것은 사실이지만, 차라리 없었으면 좋았을 동정 어린 시선에 그치고 만 경우도 많았습니다. 입장을 바꿔 생각해 보는 행위가 애당초 불가능하거나, 아니면 그럴 의사가 없는 집단 내에서 일시적으로 거론된 것에 불과한 경우도 흔했을 것 같습니다.

우리가 반려동물과 함께 살아가며 반려동물에 대해 역지사지하는 것이 과연 가능한 일일까요? 입이 있으나 말하지 못하는 저 동물들의 마음을 어디까지 헤아릴 수 있을까요? 쉽지 않을 것이고, 어쩌면 우리는 영원히 서로를 완전히 이해할 수는 없을지도 모릅니다. 그들이 우리를 전적으로 신뢰하는 것 같긴 하지만 진실이 어떠한지는 알 길이 없고, 우리는 그들을 한없이 사랑하지만 어쩌면 우리 자신의 감정을 그들에게 일방적으로 투사하고 있는 것일지도 모릅니다.

반려동물을 대하는 우리의 자세

하지만 그들의 의도를 완전히 알지는 못하더라도, 우리는 그들을 살피고 헤아려야 할 의무가 있습니다. 함께 살기로 한 이상 그들이 기본적인 삶을 영위하는 데 필요한 핵심적인 생존 요건들을 부족함 없이 제공하여, 그들이 긴장하지 않고 살아갈 수 있는 평안한 터전을 마련해 줘야만 합니다. 이것이 자연 세계를 떠나 우리 삶의 공간에 들어온 반려동물에 대해 우리가 가져야 하는 자세입니다.

상대의 입장과 마음을 잘 알 수 있다면 좋겠지요. 어린아이의 마음을 다 알 수는 없더라도, 책을 좋아하는 아이에게 책 읽을 공간을 마련해 주고, 공차기 좋아하는 아이는 운동장에 갈 수 있게 해 줘야 합니다. 그와 똑같이, 품에 안겨 있길 좋아하는 강아지는 살포시 안아 주고, 안기길 싫어하는 고양이는 꽉 안아선 안 되는 것입니다. 산책을 좋아하는 강아지는 충분히 산책하게 해 주고, 무릎에 올라오 길 좋아하는 고양이에겐 무릎을 잠시 내어 주면 좋은 것입니다. 나아가 아주 작은 소리에도 불안해하거나 손님의 방문에 힘겨워하는 반려동물의 경우, 보호자가 이것을 알아채어 되도록 덜 힘들게 도와줄 수 있다면 더더욱 좋을 것입니다. 그다음, 그다음 점점 더 미묘하고 섬세한 것까지 알아채어 공감할 수 있다면 좋겠지만, 그것은 각자의 사정과 능력이 다르므로 할 수 있는 데까지 하면 되는 일 아닐까요? 기본적인 조건을 마련해 주고 그다음은 할 수 있는 데까지 하되, 가급적 반려동물의 성정을 이해하고 존중해 주려고 노력하는 것이 중요합니다.

과연 역지사지가 가능한가 따위의 사변적인 질문에 골몰하여 아무것도 하지 않는 우를 범할 필요는 없습니다. 설사 끝끝내 반려동물의 입장과 마음을 알 수 없고, 역지사지라는 게 근원적으로 불가능한 일이라 하더라도, 일상을 떠받치는 꾸준한 활동을 계속해 가며, 때때로 느껴지는 반려동물과의 황홀한 일체감에 고마워하면 족하지 않을까 싶습니다. 결코 당도할 수 없는 곳일지라도, 끝없는 관심을 갖고 하나씩 실천해 가는 과정에서 사람과 반려동물 모두에게 평안이 찾아올 것이라고 믿습니다.

반려동물을 위험에 빠뜨리는 것들

    반려동물이 위험에 처하게 되는 상황은 수없이 많습니다. 화기나 깊은 물, 차도나 높은 곳 등 사람에게 위험한 곳은 반려동물에게도 위험합니다. 하지만 사람에게는 별로 위험하지 않거나 오히려 도움이 되는데 반려동물에게는 치명적인 것들도 많습니다. 예를 들어 양파 같은 음식은 사람이 먹으면 혈액 순환에 도움이 된다고 하지만, 개나 고양이가 먹으면 적혈구가 파괴되어 생명이 위태로워지기도 합니다. 많은 인체용 진통제 역시 사람에게는 큰 부작용 없이 도움이 되지만, 개나 고양이가 먹으면 중독이 되기도 하므로 반드시 조심할 필요가 있습니다.

    생활 환경에서 종종 반려동물을 위험에 빠뜨리는 것들은 식품, 약품 및 화학 제품, 식물 및 비료, 기타 물건, 이렇게 네 개의 카테고리로 나눠 살펴볼 수 있습니다. 매우 치명적인 것들이 대부분이어서 반드시 피하는 것이 좋습니다. 임상 현장에서 제가 자주 접하게 되는 것들이므로, 사고가 발생하지 않도록 한번 체크해 보시면 많은 도움이 될 것입니다.

— **식품**: 각종 뼈, 마늘, 파, 양파, 포도, 건포도, 포도씨유, 체리, 초콜릿, 자일리톨, 각종 사람 음식들, 각종 과일의 씨앗

— **약품 및 화학 제품**: 각종 인체용 약품, 살충제, 산화방지제, 방부제, 흡습제, 세제, 샴푸, 표백제, 소독제, 화장품, 향수, 향초

— **식물 및 비료**: 백합, 수선화, 튤립, 철쭉, 고무나무, 아이비, 카네이션, 국화, 수국, 디펜바키아, 필로덴드론, 선인장, 알로에, 시클라멘, 포인세티아, 칼랑코에, 남천, 유박 비료

— **기타 물건**: 털실, 끈, 줄, 고무 밴드, 빵끈, 마스크, 머리끈, 전선, 반짝이는 재질의 물건들, 반지, 보석, 비즈, 셀로판테이프 계열의 비닐류

• **각종 뼈**

특히 닭 뼈, 돼지 뼈, 소 뼈를 먹어 문제가 되는 사례가 매우 많습니다. 이것들은 위장관 손상을 흔히 일으키며, 고기가 붙어 있는 경우 위장관 염증이나 췌장염을 일으킬 수도 있습니다. 뼈로 인해 위장관이 파열되면 대부분 개복 수술을 하게 됩니다. 특히 삼킬 수만

있으면 무엇이든 꿀꺽 먹어 버리는 성향의 반려동물에게는 차단하는 것이 좋습니다. 치킨, 닭백숙, 감자탕, 등갈비, 족발, 소갈비 등을 먹고 나서는 반드시 뼈들을 잘 모아 반려동물이 입을 댈 수 없는 곳에 보관하거나 곧바로 버리시는 것을 추천합니다.

• 마늘, 파, 양파

이런 향신채들은 위장관 손상을 일으킬 수 있으며, 특히 적혈구를 파괴하여 빈혈에 이르게 합니다. 빈혈, 기력 저하, 호흡과 심박수 증가, 구토, 설사, 복통 등의 증상을 보입니다. 맵기 때문에 반려동물이 그대로 먹지는 않고, 이것들이 포함된 짜장면, 부침개, 튀김, 치킨, 닭죽, 양념갈비, 불고기 등을 먹고 내원하게 됩니다.

• 포도, 건포도, 포도씨유, 체리

직접 먹기도 하지만 이것들을 이용한 과자, 떡, 잼, 부침 등을 삼켜서 종종 위험에 빠집니다. 개체에 따른 차이가 크지만 이것들은 신장 질환을 일으킬 수 있습니다. 체리는 과육 섭취 시 소화기 장애를 일으킬 수 있고, 씨앗과 줄기에는 시안화물이 함유되어 생명이 위독해질 수 있습니다.

• 초콜릿

초콜릿은 메틸잔틴과 카페인이 문제를 일으킬 수 있습니다. 구토, 설사, 심박 수와 호흡수 증가, 경련 등의 신경 증상을 일으킬 수 있습니다. 방광 점막을 통해 계속 재흡수될 수 있으므로, 수액 처치 등을 통하여 빨리 배출시키는 것이 중요합니다. 당연히 섭취량이 많을수록, 카카오 함량이 높을수록 더 위험합니다.

• 자일리톨

자일리톨은 달콤한 껌 혹은 치약에 함유된 형태로 접하게 됩니다. 개들이 종종 삼킵니다. 이것은 반려동물이 흡수할 수 없는 당류이며, 혈중 농도가 높아질 경우 저혈당, 경련, 간 손상을 유발할 수 있습니다.

• 각종 사람 음식들

술, 담배, 김치, 아보카도, 아몬드, 버섯, 튀김, 짜장면, 돼지고기와 쇠고기를 비롯한 각종 기름진 음식들, 특히 삼겹살, 족발, 양념갈비, 불고기, 프라이드치킨, 양념이 많이 들어간 음식들, 우유·버터·크림, 짠 음식, 곰팡이 핀 음식 등이 문제가 될 수 있습니다.

무슨 저런 것을 먹이는 사람들이 있나 싶은 음식도 있으나, 실제로 먹이는 사람들이 간혹 있습니다. 또한 '이전에 종종 준 적이 있고, 별일 없었는데' 하는 음식도 있을 수 있는데, 아마도 당시에 반려동물이 힘들게 소화해 내며 처리했거나, 경미한 자극이어서 문제없이 넘어간 것이라고 볼 수 있습니다. 간, 췌장, 소화기, 혈액 관련 질환을 일으킬 수 있으니 웬만하면 피하는 것이 좋겠습니다.

• 각종 과일의 씨앗

자두, 복숭아, 감 등의 과일을 주다가 씨앗까지 반려동물이 먹게 되기도 하지만, 보통은 떨어뜨려서 혹은 테이블 등에 둔 것을 먹어 문제가 발생합니다. 내시경 시술이나 개복 수술을 통해 제거해야 하는 일이 발생할 수 있습니다.

• 각종 인체용 약품

각종 진통제, 소염제, 혈압약, 피임약, 영양제, 신경정신과 약물 등을 먹고 내원하는 경우가 종종 있습니다. 약물에 따라 위험성과 증상은 각기 다릅니다. 부주의하게 놓아둔 것을 뜯어 먹는 경우가 대부분이니, 반드시 반려동물이 접근할 수 없는 곳에 보관해야 합니다. 쉽게 열 수 없는 서랍이나 약상자에 보관해도 좋고, 반려동물약과 사람 약을 분리하여 보관하는 것도 도움이 될 수 있습니다.

• 살충제, 산화방지제, 방부제, 흡습제

쥐나 곤충을 잡기 위한 살충제는 흔히 미끼가 섞여 있고, 산화방지제, 방부제, 흡습제 등은 사람 음식이나 반려동물 간식이 묻어 있는 경우가 많아서 반려동물들이 관심을 갖고 삼키기 쉽습니다. 반려동물에게 노출시키지 않아야 하며 세심하게 버려야 합니다. 응고계 질환, 신경 증상이나 소화기계 증상을 일으킬 수 있습니다.

• 세제, 샴푸, 표백제, 소독제, 화장품, 향수, 향초

이런 제품들은 반려동물이 관심을 가질 만한 향을 함유하고 있는 경우가 대부분이어서 종종 핥아 먹고 위험에 빠집니다. 특히 액체 형태의 세제나 소독제는 사용 후 잘 씻어 내야 하며, 화장품, 향수, 향초 등에 반려동물이 지나치게 관심을 갖거나 그러다가 심박 수나 호흡수가 빨라지는 경향을 보이면 사용을 중지해야 합니다.

• 여러 꽃과 식물들

선인장이나 알로에 등은 가시가 위험하며, 백합, 튤립, 수선화, 달리아, 수선화, 카네이션 등 알뿌리 식물들은 함유된 독성 물질 때문에 위험합니다. 침 흘림, 구토, 설사, 복통 등의 증상을 보입니다. 고양이가 백합을 핥거나 꽃가루를 흡입하는 경우 특히 신장 기능에 심각한 타격을 입을 수 있습니다.

• 유박 비료

유박 비료는 피마자, 유채, 쌀겨, 참깨, 들깨 등의 기름 작물 찌꺼기로 만든 비료입니다. 식물을 잘 키우는 사람들이 분갈이 후 화분의 흙 위에 종종 섞어 줍니다. 기름 냄새도 나고 펠릿 형태로 만들어져 있는 경우도 많아 반려동물이 화분 위에 올라가서 입을 대면 위험합니다. 피마자 찌꺼기에는 독성물질인 리신(ricin)이 들어 있는데, 리신의 독성은 청산가리의 6000배로 알려져 있습니다. 맹독물질입니다. 반려동물이 먹으면 구토, 설사, 혈변, 고열, 경련 등이 발생할 수 있습니다. 혈전으로 인해 사망에 이를 수도 있습니다. 반려동물의 접근을 차단하기 힘들다면 에그스톤 같은 돌멩이를 화분 흙 위에 올려놓아도 됩니다.

• 털실, 끈, 줄, 고무 밴드, 빵끈, 마스크, 머리끈, 전선

호기심이 많거나 우선 씹고 삼키고 보는 성향의 반려동물들이 많이 삼키고 탈이 납니다. 위장관에 자극을 줄 수 있고, 긴 것들은 장에 심각한 손상을 주어 수술적 교정이 필요할 때도 종종 있습니다. 전선을 씹으면 감전 위험이 있습니다. 이갈이 시기인 5개월령 전후의 어린 반려동물은 특히 더 신경 써야 합니다.

• 반짝이는 재질의 물건들

고양이들은 특히 반짝이는 것에 흥분하는 경향이 있고 벌레로 인식하여 붙잡아 삼킬 때가 많습니다. 떨어뜨린 반지나 보석, 작은 자석 등을 낼름 삼켜 버리는 호기심 많은 개들도 종종 있습니다. 당연히 소화기계에 위험하고 심하면 개복 수술을 해야 합니다.

이럴 때는 동물병원에 가세요

  아프지 않고 건강하게 지내면 좋겠지만 반려동물도 우리와 같은 생명체이기 때문에 예기치 않게 아픈 순간이 찾아올 때가 있습니다. 밥도 잘 먹고 활력도 좋다면 구토 한 번, 설사 한 번 했다고 해서 무조건 동물병원을 찾아야 하는 것은 아닙니다. 출혈이 많거나 경련을 한다면 당장 동물병원에 가야 하지만, 당장 위험해 보이지는 않는데 어쩐지 좀 걱정될 때도 있습니다. 빨리 가서 치료를 받는 것이 좋은데 그 시점이 언제인지 몰라 때를 놓치기도 합니다. 평소와 달리 직관적으로 좀 이상하다고 느껴지면 상담을 하거나 치료를 고려해야 합니다. 참고로 다음과 같은 모습을 보인다면 동물병원을 방문하는 것이 좋습니다.

— 구토, 설사를 심하게 한다.

— 밥을 잘 안 먹거나 열이 난다.

— 귀가 지저분하거나 몸을 자주 긁거나 빤다.

— 몸에서 냄새가 너무 많이 난다.

— 탈모가 진행된다.

— 식욕이 점차 줄면서 한 달에 10퍼센트 이상 체중 감량이 발생한다.

— 침을 흘리거나 밥을 먹고 싶어 하는 것 같은데 잘 못 먹는다.

— 식욕이나 음수량이 너무 늘거나 배뇨량이 평소에 비해 많이 늘어난다.

— 배뇨나 배변에 문제가 있어 보인다.

— 생식기에서 피나 고름이 나온다.

— 배가 너무 불룩해지거나 평소 만져지지 않던 혹 같은 것이 몸에서 만져진다.

— 쉽게 지치고 잘 움직이려 하지 않는다.

— 호흡이 평소에 비해 너무 빠르고 자주 입을 벌리고 숨을 쉰다.

— 기침을 자주 한다.

— 콧물이 많거나 누런 콧물이 나온다.

— 가구에 자꾸 부딪히거나 자주 멍때리고 있다.

— 다리를 절룩거리거나 어딘가를 만지면 아파한다.

— 눈이 충혈되거나 눈물이 너무 많이 나거나 눈을 자주 찡그린다.

— 갑자기 평소보다 사납게 군다.

이 외에도 문제가 되는 수많은 증상이 있으니 걱정이 된다면 주치의와 먼저 상담을 하는 것이 좋습니다. 다음에 언급된 개와 고양이가 잘 걸리는 질병들을 참고하는 것도 예방, 치료, 관리에 많은 도움이 되리라 봅니다.

개가 잘 걸리는 병 세 가지

• 피부 질환, 귀 질환, 지간부 질환

주로 관찰되는 증상은 가려워하거나, 구진 및 농포가 발생하거나, 귀 안에서 물이나 진물이 나오고 냄새가 심해지거나, 습진처럼 발가락 사이가 발적되거나 자주 핥는 것입니다. 피부 농피증, 알레르기, 외이도염, 지간염 등에서 발견되는 증상들입니다. 알레르기나 아토피성 피부염도 종종 있으나, 그 외에는 대부분 세균이나 곰팡이 계열의 감염체에 기인합니다. 발로 귀를 긁고, 발을 다시 핥는 과정을 통해 귀 질환인 외이도염과 발 쪽의 염증인 지간염을 함께 갖게 되는 경우가 많습니다. 감염된 개체와의 접촉에 의해서도 감염되나 균의 과다 증식으로 인해 심한 증세를 보이는 경우도 많습니다. 대부분은 평상시 적절한 관리나 조기 치료로 치유됩니다. 만성화된 경우에 치료를 시작하면 치료 효과가 더딜 수 있고 완치가 아닌 관리를 목표로 해야 하는 경우도 많습니다. 간식을 과도하게 주지 않고 귀와 지간부를 습하지 않게 유지하면 많은 도움이 됩니다.

• 소화기 질환

구토, 설사, 복통, 식욕 부진 등의 증상을 보입니다. 위장관 염증, 이물이나 적절하지 않은 음식을 먹고 나타나는 사료 불내성, 췌장염, 헬리코박터 감염 등이 원인이 됩니다. 진단 절차를 거쳐 적절한 처치를 받아야 하나, 식욕이 유지되며 사료 급여 방식의 변화가 없었다면 항구토제 및 소화기계 내복약 처방으로 쉽게 회복되는 경우가 많습니다. 그렇다 해도 반드시 수의사와 상담할 필요가 있습니다. 소화기 증상을 보이면 병원에 가지 않고 무조건 하루 이틀 굶기는 경우도 종종 있는데 매우 위험한 방법입니다.

• 슬개골 탈구

소형견에게 흔한 관절 질환입니다. 유전적 성향과 관련되어 있으며 대개는 어릴 때부터 확인됩니다. 수의사와의 상담을 통해 단계 평가를 받고, 체중 조절이나 관절 보조제, 적절한 운동으로 유지될 수 있는 상황인지, 수술적 교정이 필요한 상황인지 조언을 들을 필요가 있습니다. 초기 단계라면 체중을 가볍게 유지하며 평지 산책만 하는 것이 좋습니다. 산책도 한 시간 이상 하는 것은 좋지 않고, 중간에 두세 번은 휴식을 할 필요가 있습니다. 산을 타거나 계단을 오르내리는 것은 무릎 슬개골에 상당한 부담이 됩니다. 뒷다리로 깡총깡총 뛰는 것 역시 매우 좋지 않습니다. 이런 때에는 대개 자기 시야보다 높이 있는 보호자와 눈을 마주 보고 무언가를 호소하려는 경우이므로, 보호자가 앉으면 네 발로 땅을 딛게 됩니다.

고양이가 잘 걸리는 병 세 가지

• 소화기 질환
구토, 설사, 식욕 부진 등의 증상을 보입니다. 위장관 염증, 이물이나 적절하지 않은 음식을 먹고 나타나는 사료 불내성, 췌장염, 염증성장질환(IBD), 세동이염(triaditis) 등이 원인이 됩니다. 질병별로 치료법이 다르지만 식욕 저하가 동반되며 일주일에 2회 이상 구토를 한다면 검진을 받아 볼 필요가 있습니다. 3일 이상 제대로 먹지 못하면 간 기능 저하가 발생할 수 있습니다. 구토 증상을 자주 보이는데 장기간 방치하면 잘 토하는 고양이가 되고 맙니다.

• 비뇨기 질환
배뇨 곤란, 혈뇨, 엉뚱한 곳에 소변을 보는 이소성 배뇨 등의 증상을 보입니다. 고양이하부비뇨기계증후군(FLUTD), 방광염, 결석, 신장병증 등이 원인이 됩니다. 혈액 검사, 요 검사, 방사선, 초음파 등을 통한 진단이 필요합니다. 평상시에는 스트레스 상황에 놓이지 않게 하는 것이 중요하며, 충분히 물을 마시도록 해 주는 것이 많은 도움이 됩니다.

- **호흡기 질환, 안과 질환**

기침, 콧물, 찡그림, 충혈, 눈물량 증가 등의 증상을 보입니다. 청진, 방사선 체크, 안과 검사 등을 통해 원인을 알아내야 합니다. 고양이들이 잘 걸리는 허피스 바이러스, 칼리시 바이러스 감염이 있다면 호흡기 질환, 안과 질환과 함께 구강 내에도 병변이 발생할 수 있습니다. 단순한 상부 호흡기 질환과 단순한 결막염인 경우도 많습니다. 만성화되면 평생의 질병이 될 수 있으니 즉시 동물병원을 찾는 것이 좋지만, 여의치 않아 지켜보아야 하는 상황이더라도 일주일 내에 증상이 호전되지 않는다면 반드시 치료를 시작하는 것이 좋습니다. 춥고 건조하지 않게 온도와 습도를 조절하는 것이 도움이 됩니다. 외부의 바람, 에어컨 바람, 공기 청정기 바람을 장시간 직접 쐬지 않도록 하는 것도 중요합니다.

수의사는 언제나 동물병원에 있습니다

수의사는 동물 질병 치료 전문가이지 동물 전반에 대한 전문가가 아닙니다. 더욱이 반려동물과 함께 잘 살아가는 일에 대한 전문가도 아닙니다. 소아과 의사가 어린이 질병 치료 전문가이지 어린이의 모든 것에 대한 전문가가 아닌 것과 같습니다. 그런데 소아과 의사에게 아이들이 심하게 싸우니 어찌하면 좋겠느냐고 상담하지는 않으면서, 수의사에게는 동거묘들끼리 심하게 싸우니 해결책을 알려 달라고 고민 없이 묻습니다. 심정은 이해가 갑니다. 요즘은 그래도 행동학 전문가들이나 훈련사들이 활동 영역을 넓히고 있어 이런 부분들이 어느 정도 해소되고 있으나, 현실적으로는 보호자들이 그런 문제에 대해 물어볼 곳이 별로 없기 때문일 것입니다. 수의사들도 그런 현실을 알기 때문에 비록 자신의 전문 영역은 아닐지라도

그나마 일반 보호자들보다는 반려동물에 대해 경험도 많고 어느 정도 지식을 갖고 있다는 이유로 나름대로 최선을 다해 설명을 해 줍니다. 당연히 자신의 전문 영역인 질병 치료에 대해서만큼 자신 있게 설명하지는 못하는 경우도 많습니다.

용기 내어 문의하세요

보호자들이 동물병원을 슬기롭게 이용하는 팁이라면 적극적인 상담을 들고 싶습니다. 수의사들은 대부분 친절한 편이고, 자신을 믿고 반려동물에 대해 상담을 요청해 오는 보호자를 마다할 수의사는 거의 없습니다. 많은 경우 상담 비용을 받지 않고 받더라도 소액입니다. 질병에 대해서라면 매우 전문적으로 상담해 줄 것이고, 질병이 아닌 생활이나 일반적인 케어에 대한 내용이더라도 대부분의 수의사들은 직간접적인 경험이 웬만한 보호자들보다는 풍부하므로 자신이 아는 한도 내에서 비교적 유용한 내용들을 전달해 줍니다.

조심해야 할 일이 있는지 물어보세요

병원에 방문했을 때 질병을 미연에 방지할 수 있는 방법에 대해 미리 문의하는 것도 좋습니다. 질병이 이미 발생했다면 그에 대해 치료 프로토콜대로 적절히 진행하면 되는 것이고, 그것이 동물병원이 존재하는 이유입니다. 그런데 질병이 발생하기 전에 보호자들이 조심해야 하는 것에 대해 알아 두면 반려동물에게도 많은 도움이 됩니다. 자동차를 운전할 때도 위험이 예측되는 상황에서는 주위를 좀 더 살피고 속도 조절을 해야 안전한 것처럼, 반려동물의 질병에 대해서도 발생 가능성이 높은 상황이나 조건에 대해 알고 있다면 위험에 빠지지 않도록 상당 부분 대처할 수 있습니다. 이를테면 스코티시폴드는 유전적으로 골관절염에 취약한 종이므로 골밀도 및 발목 관절에 대한 정기적인 체크가 필요합니다. 또한 슈나우저의 경우 슈나우저 코메돈 신드롬이라는 피부 질환에 자주 노출되고, 간과 췌장 관련 질환이 다른 견종에 비해 높은 편이기 때문에 조심해야 할 음식들을 알아 두면 관리에 많은 도움이 됩니다. 많은 수의사들이 보호자들이 이런 내용들을 알고 있기를 바라고 이런 부분에 대해 보호자들에게 알려 주기를 좋아합니다. 저 역시 대비했더라면 막을 수 있었던 이런 종류 질환으로 보호자가 반려동물과 함께 내원하면 이미 발생한 것이기에 일어난 일에 대처하는 데 집중하지만, 속으로는 안타까운 마음이 드는 것이 사실입니다.

용품의 차이에 대해 알아보세요

그리고 동물병원에서 판매하는 사료나 용품은 비교적 안전하고 편리하게 이용하기가 좋습니다. 동물병원마다 다소 차이가 나고, 동물병원에 최고급 제품만 있는 것은 아니지만, 비교적 몇 차례의 필터링을 거쳐 선정된 것들이므로 상담 후 선택할 만한 것들이 많습니다. 수의사들은 진료에 신경을 집중하고 있기 때문에 자신의 동물병원에서 판매하는 사료나 용품과 관련해 보호자들이 불만을 제기하는 것에 대해 극도로 불편해합니다. 그래서 웬만하면 트러블이 생길 가능성이 낮은 제품들을 판매하는 경우가 많습니다. 어떤 사료도 모든 반려동물을 다 만족시키지는 못하지만, 그래도 기호성과 영양, 대사 측면에서 문제가 적은 사료들이 어떤 제품인지 경험적으로 알고 있지요. 장난감도 안전성이 어느 정도 보장되고 많은 개체들이 만족해하는 품목을 알고 있기 때문에, 간단한 상담을 통해 도움을 받을 수 있는 여지가 많습니다. 물론 처방식의 경우는 치료의 한 부분이므로 반드시 상담을 거쳐 안내받아야 합니다.

기르지 않아도 함께할 수 있어요

　야생동물이나 반려동물과 함께하기 위해 반드시 우리의 공간에
그들을 데려다 키워야만 하는 것은 아닙니다. 전통적으로는 동물
원이 있고, 최근에는 체험학습장이나 강아지나 고양이와 함께 놀
수 있는 카페도 많이 생겼습니다. 하지만 이런 형태는 그다지 바람
직해 보이지 않습니다. 공간이 너무 비좁거나 쾌적하지 않은 경우
가 대부분이며, 많은 사람들과의 접촉은 동물들에게 극도의 스트
레스를 유발할 것이 분명하기 때문입니다. 요즘은 동물원도 기존
동물의 보호 혹은 유전적 자원의 보존, 야생에 버금가는 넓은 생활
공간 제공 및 행동 풍부화, 관람 제한 등의 방식을 통해 변화를 도
모하고 있습니다. 그런 마당에, 협소한 공간에 동물들을 모아 놓고
힐링이나 체험이라는 논리로 지나치게 밀착해서 만지고 관찰하는

이런 변형된 형태의 동물 관람 시스템은 퇴행적이라고 할 수 있습니다.

저도 어릴 때 동물원에서 즐거웠던 추억이 있습니다. 아버지가 사 주신 아이스크림을 핥아 먹으며 하던 동물원 나들이는 얼마나 즐거웠는지 그때 일었던 뽀얀 먼지와 함께 기억이 아주 생생합니다. 그리고 동물원이 없었더라면 사자, 호랑이, 코끼리, 기린을 어떻게 그렇게 가까이서 볼 수 있었겠나 하는 생각을 한 적도 있습니다. 하지만 시간이 지나 다양한 정보를 접하며, 동물원의 동물들이 어떤 경로를 통해 거기까지 왔으며, 그곳에서의 일생이란 또 얼마나 힘겨운 일인지를 알게 되었고, 누군가의 어린 시절의 추억을 위해 그들이 그렇게 희생되어서는 곤란하다고 생각하게 되었습니다. 동물들의 희생을 바탕으로 제가 그런 경험을 할 수 있었던 것이라면, 차라리 하지 않는 것이 더 나았을 것 같습니다. 그렇게 해야만 동물을 볼 수 있었던 것이라면 차라리 보지 못했어야 했습니다. 꼭 우리나라 동물원에서 열대의 야생동물을 보지 않으면 안 될 이유는 없습니다. 아버지와는 숲이나 강가를 거닐며 아이스크림을 먹을 수도 있고, 저는 간혹 청설모나 청둥오리를 보면 됩니다. 오랑우탄을 가끔 가까이서 관찰하는 것은 인도네시아 산속 어린이만의 몫이어야 하는 것 아닐까요?

해를 끼치지 않고 교감할 수 있는 방법들

동물들과 함께하거나 교감하려면 우선 그들의 평안을 해치지 않아야 합니다. 그런 의미에서 최근 유튜브 등을 통해 다른 사람들의 반려동물을 관찰하고 간접적으로나마 체험하는 방식은 괜찮아 보입니다. 반려동물을 느끼고 싶지만 현재 여건이 안 되는 사람들이 비록 인터넷 영상을 통해서나마 반려동물과 보내는 일상을 잠시 함께할 수 있다면 나쁠 것이 없습니다. 다만 조회 수를 늘리기 위해 자극적이거나 흥미 위주로 흐르는 식이어서는 곤란할 것입니다. 보호자가 자신이나 반려동물이 어려움을 겪지 않는 선에서 반려동물과 함께하는 일상을 보여 주고, 보는 사람도 부담을 느끼지 않는다면 좋을 것입니다. 다행히도 자극적이거나 잔혹한 영상보다는 잔잔한 스타일의 영상이 사람들에게 더 인기가 있는 것 같습니다.

예의를 지키며 지인의 반려동물을 자주 접하는 방법도 괜찮습니다. 부담 없는 관계의 지인이 반려동물을 키우고 있고 그 반려동물도 간혹 방문하는 사람들에게 지나치게 스트레스받지 않는 성향이라면, 마치 삼촌이나 이모처럼 그들과 적절한 거리를 유지하며 아껴 줄 수 있습니다. 서양에서 흔히 볼 수 있는 퍼피워커나 펫시터로 활동하는 사람들도 조금씩 늘어나고 있는 것 같습니다. 생활비를 충당하려 아르바이트로 하는 이들이 많긴 하지만, 경제적으로나 시간적으로 여유 있는 사람들이 반려동물과 잠시나마 함께하고 싶어서 하는 경우도 몇 차례 본 적이 있습니다. 모두에게 도움이 되는 긍정적인 방법들이라고 할 수 있습니다.

이별을 준비하는 법

　반려동물과 언제까지나 함께할 수는 없습니다. 생명의 불이 꺼지는 순간이 반드시 오고, 그때에 가까워질수록 그동안의 시간이 너무 짧게 느껴집니다. 하지만 함께했던 소중한 시간들은 결코 짧지 않았고, 남아 있는 시간 역시 마지막 선물 같은 것입니다. 더 밀도 높게 교감하며 그 시간을 보내야 합니다. 많이 안아 주고, 자주 쓰다듬어 주며, '그래, 우리 집에 잘 왔다. 너를 만나서 참 좋았다'라고 말해 주면 좋을 것입니다.

　우리와 함께하는 개와 고양이의 평균 수명은 15세 전후입니다. 인간의 평균 수명이 80세 전후임을 고려하면, 대개는 어릴 때부터 떠날 때까지 우리가 전적으로 보살펴야 합니다. 그들의 삶은 우리의 삶보다 네 배에서 여섯 배 정도 빨리 진행된다고 보아야 합니다.

7년령 전후로 노화가 시작되고 10년령 전후로는 대부분 노령견, 노령묘로 인식하고 돌보는 것이 적절합니다. 문만 열면 펄쩍펄쩍 뛰며 반기던 강아지, 제발 그만 좀 치댔으면 했던 고양이가 어느새 계단을 오르기 힘들어하고, 시력이 약해져 여기저기 부딪치고, 활기 없이 잠만 자거나 너무 자주 멍하니 있는 모습을 보면 가슴이 무너져 내리는 것이 당연합니다.

이별을 앞둔 시간, 슬픔을 감당하는 날들

우리가 뭘 잘못해서 그들에게 이런 일이 일어난 것은 아닙니다. 개체에 따라 다소 차이가 있지만 노령화는 아무리 건강한 반려동물이라 해도 피할 수 없는 일입니다. 주요 장기의 기능이 저하되면 적절한 프로토콜에 따라 도움을 줄 수 있습니다. 관절 질환이 심하면 발바닥 사이사이의 털을 자주 깎아 주고 높이가 낮은 반려동물용 계단이나 논슬립 매트리스 같은 것을 설치해 주면 좋습니다. 시력이 저하되고 있다면 가구 배치를 웬만하면 바꾸지 말고, 뾰족한 모서리에 다치지 않도록 쿠션 같은 것을 설치하면 도움이 됩니다. 잠을 너무 많이 잔다면 간간이 환기를 하거나 카트에 태워 가벼운 산책을 하면 활력을 북돋울 수 있습니다. 질환이 심각한 상태라면 그에 맞는 투약이나 수술적 치료를 해야 하지만, 초기 상태라면 환경을 조절하고 보조제나 처방식을 투여하는 식으로 관리하면서 삶의 질을 유지시켜 줄 수 있습니다. 만약 인지 장애가 있다면 관련 약물을 투약하며 진행을 늦춰 줘야 합니다.

이별의 준비는 쉽지 않습니다. 처방식이나 보조제, 진통제 등으로 최선을 다해 도와주는 것 외에 더 이상 그 어떤 도움도 줄 수 없는 순간이 옵니다. 예기치 못한 죽음은 대비할 수 없지만, 종합 건강 검진을 통해 반려동물의 건강상 위험 요소를 미리 알아 관리한다면 많은 도움이 될 것입니다. 죽음이 임박했거나 응급 시에 갈 수 있는 동물병원과 반려동물 장례 업체를 알아 두는 것도 좋습니다.

반려동물이 떠나가면 어떤 말로도 표현할 수 없고, 어떻게 해도 견딜 수 없는 슬픔이 다가옵니다. 애착이 크고 감정 조절이 힘든 사람이라면 삶의 질서가 흐트러질 수도 있습니다. 누구도 알 수 없는 자신만의 감정을 자신의 방식대로 표현하고 슬퍼하는 수밖에 없습니다. 참지 않고 표현하는 것이 중요합니다. 반려동물이 아직 의식이 있을 때는 사랑한다는 표현을 아껴선 안 되고, 떠나갔을 때는 지극한 마음으로 장례를 치르며 슬픔을 표현하는 것이 좋습니다. 슬픔을 속으로 삭일 필요 없습니다. 반려동물을 떠나보낸 사람에게는 어쭙잖은 위로의 말을 건네기보다는 그의 말을 충분히 들어주고 묵묵히 어깨를 토닥여 주는 것이 더 좋을 때가 많습니다. "힘내라, 나도 겪어 봐서 안다, 그래도 어찌겠나, 산 사람은 살아야 하고 할 일은 하면서 지내야지" 같은 말들은 상처가 될 뿐입니다. 충분히 슬퍼

하는 시간을 갖고, 힘들어도 일상을 조금씩 이어 가고, 주위 사람들에게 차분하게 이야기하면서 조금씩 견뎌 낼 수 있다면 다행이지만, 슬픔을 극복하기가 너무 힘들고 어떻게 해도 견딜 수 없다면 신경정신과 전문의의 상담을 받는 것도 도움이 될 수 있습니다.

그 슬픔을 다른 누구도 대신할 수 없는 이유는 반려동물 혼자 죽어 없어진 것이 아니기 때문입니다. 나와 함께하던 나의 일부가 함께 죽었기 때문입니다. 그래서 그 슬픔은 무엇으로도 위로될 수 없고 새로운 반려동물로 대체될 수도 없습니다. 그 부분이 사라진 채로 살아가야 합니다. 다만 그런 상실만 지속되는 것은 아닙니다. 시간이 갈수록 격한 슬픔은 조금씩 가라앉고, 또 다른 것들이 나의 일부가 되며, 그러면서 나는 새로운 내가 되어 갑니다. 상실의 아픔은 시간이 지나며 조금씩 가라앉고, 오래도록 기억으로 남습니다. 사람의 성향에 따라, 반려동물과 나눴던 교감의 깊이에 따라 개인차는 매우 클 것입니다.

그리워하고 추억하기

저도 언젠가 세상을 떠나게 될 것입니다. 제가 세상을 떠난 뒤 저와 교감했던 이들이 저를 어떻게 기억하고 추모해 주면 좋을지 생각해 본 적이 있습니다. 아무 흔적도 남기지 않고 사라지길 바라지만, 그건 제가 특별히 바라지 않아도 시간이 지나면 저절로 이뤄질 일입니다. 떠나고 나서 얼마간은 아마 저와 교류했던 이들도 자신들의 삶 속에서 저와 관련된 삶의 일부를 정리할 시간이 필요할 것입니다. 빨리, 철저히 잊어 달라고 조급해할 것이 없는 일입니다. 그래서 경건한 추모를 받고 고요하게 잊히길 바라는 것이 좋겠다고 생각하게 되었습니다.

교감했던 반려동물도 그렇게 떠나보내 주려고 하지만, 교감이 깊었던 반려동물일수록 쉽게 잊히지 않고 자꾸 붙잡게 되는 것도 부인할 수 없는 사실입니다. 반려동물의 죽음은 대부분의 보호자에게 청천벽력 같은 일이지만 슬픔에 빠져 헤어 나오지 못한다면 상황은 더욱 힘들어집니다. 현실을 인정하고 보내 주되 너무 힘겹다면 주저하지 말고 주위에 도움을 요청했으면 좋겠습니다. 죽음 후 반드시 몇 시간 안에 화장해야 하는 것은 아니므로, 얼마간의 여유를 갖고 모든 보호자들이 충분히 슬픔을 표현할 수 있는 시간을 갖는 것도 괜찮습니다.

허가받은 반려동물 장례 업체에서 온 가족이 참석하여 경건하게 보내 주는 것은 매우 중요합니다. 소중히 여기던 물건을 한두 개 넣어서 화장해 줘도 좋고 간직하고 있어도 좋습니다. 유골을 스톤 형태로 만들어 갖고 있어도 좋고 지정된 장소에 뿌려 주어도 좋습니다. 반려동물 등록이 되어 있다면 한 달 이내에 동물병원에 방문하여 동물등록 변경신고서를 작성하면 됩니다.

혹시 어린 자녀가 있는 가정에서 반려동물을 떠나보내게 될 경우, 죽음을 감추거나 불분명하게 설명하는 방식은 좋지 않습니다. 어린이나 청소년의 입장에서는 어쩌면 처음 겪는 심각한 수준의 상실일 텐데, 부모 자신도 슬프면서 그 감정을 감추거나 애매한 방식으로 둘러댄다면, 자녀는 죽음을 쉬쉬해야 하는 것으로 받아들일 수 있고, 힘든 일이 닥칠 때마다 상황을 회피하는 사람으로 자라게 될 수도 있습니다. 죄책감을 가질 이유가 없다는 점, 즐겁게 함께 보낸 시간이 중요한 만큼 정성껏 떠나보내는 일도 중요하다는 점을 분명히 이야기해 주면 좋겠습니다. 부모는 아이가 자신의 소중한 반려동물이 돌아올 수 없는 세상으로 떠났다는 명백한 사실을 인지하고 그것을 잘 극복하도록 도울 수 있어야 합니다.

십수 년을 함께 지낸 녀석을 떠나보냈는데 장례를 치르자마자 아무 일도 없었던 듯 일상으로 쉽게 돌아오기는 어려운 일입니다. 처음에는 생각만 해도 눈물이 주르륵 흐르고 수시로 슬픈 감정 상태에 빠지지만 갈수록 그 강도는 줄어듭니다. 처음에는 일상생활에 지장을 받는 사람도 매우 많지만, 대개는 1년 정도 지나면 격렬한 감정적 고통에서는 벗어나는 것으로 보입니다. 나중에는 옷가지나 책갈피에서 떠난 반려동물의 털을 발견했을 때도 처음처럼 마음이 덜컥 내려앉지는 않게 되고, 잔잔히 추억할 수 있는 힘도 생깁니다. 눈물의 양이나 슬픔의 강도가 애정을 측정하는 잣대가 되지는 않습니다. 함께하던 시절의 행복한 감정, 떠나보낸 지금의 그리운 감정 모두가 그 자체로 소중합니다.

Q&A: 자주 받는 질문들

    앞에서 다룬 내용 외에 반려동물 입양과 관련하여 제가 자주 받는 몇 가지 질문들에 대한 저의 답변은 다음과 같습니다. 정답이 있는 것은 아니므로 이 수의사는 이렇게 생각하는구나 하는 정도로만 이해해 주시면 좋겠습니다.

    • 개와 고양이가 함께 살 수 있나요?

    충분히 가능합니다. 어릴 때부터 함께하면 더 잘 지냅니다. 간혹 위험한 경우도 있습니다. 보호자에게만 충성심이 강하고 사냥 본능에 충실한 진돗개 같은 중형견이나 대형견이 종종 보이는 성향인데, 고양이를 사냥감 대하듯 몰고 무는 경우가 있으니 각별히 조심해야 합니다. 또한 사이가 썩 좋지 않은 관계에서 우발적으로 싸움이 일어날 경우 날카로운 고양이 발톱에 개의 눈이 심각하게 손상되는 사고가 종종 발생합니다. 하지만 보통은 잘 지냅니다. 서로 물고 빨고 비비고 기대는 경우도 많고, 데면데면하게 지내는 경우도 있습니다. 개는 바닥에서 주로 생활하고 고양이는 높은 곳으로도 오가며 공간을 이용하기 때문에 사이가 좋지 않은 경우 고양이가 개를 피하는 방식으로 공존하는 경우도 많습니다.

• 길에서 다른 개를 보면 심하게 짖고 싸우려 들어요.
  자기가 사람인 줄 알아요. 사회성을 길러 줄 방법은 없나요?

쉽지 않습니다. 이유는 두 가지로 추정됩니다. 유전적으로 야생성이 지나치게 강하거나, 어릴 때 너무 일찍 어미와 형제들과 떨어져 사회성을 기를 수 없게 되었기 때문입니다. 녀석에게는 현재의 가족이 온 우주인데, 거기에 자기와 비슷해 보이는 정체를 알 수 없는 존재들이 침범해 오니 경계도 되고 무섭기도 하여 보호자를 믿고 그렇게 반응하는 것으로 보입니다. 사회성을 기를 수 있는 결정적 시기를 잘 보낸 후에 입양되는 것이 좋지만, 이미 그 시기가 지났다면 보호자로서는 애정을 갖고 안정감을 줄 수 있도록 달래 주는 방법 외엔 도리가 없습니다. 산책 중에는 철저히 통제할 수 있는 리드줄이나 입마개 등을 갖추는 것이 미연의 사고를 방지할 수 있는 방법입니다. 훈련소에서 훈련을 통해 일부 개체들은 그런 성향이 바뀌기도 합니다.

· 전에 키우던 개를 보낸 상처가 큰데 다시 반려동물을 기를 수 있을까요?

이별의 상처는 쉽게 사그라들지 않습니다. 새로운 개가 그것을 모두 잊게 하는 것도 아닙니다. 비슷한 구석이 많을지라도 그 개는 그 개고, 이 개는 이 개입니다. 서로 전혀 다른 개체이고 자신과도 전혀 다른 방식으로 관계를 맺게 됩니다. 새로운 반려동물을 들였다고 죄책감을 느낄 이유도 없고, 한번 반려동물을 키워 봤다고 자신만만해서도 안 됩니다. 정서적 여유가 웬만큼 생겼다면 얼마든지 새로운 녀석과 또다시 만날 수 있습니다. 비슷한 편안함과 즐거움을 느끼게 될 수도 있습니다. 하지만 떠나보낸 녀석에게 했던 것과 똑같은 것을 기대하거나 요구해서는 곤란합니다. 그것은 떠나보낸 녀석에게도 새로 맞은 녀석에게도 예의가 아니지 않을까요?

· 한 달 전 불쌍한 유기견을 보호소에서 입양했는데 성격이 너무 우울하고 마음을 열지 않아요. 게다가 최근에는 슬개골 탈구 3기여서 수술이 필요하다고 들었어요. 포기해도 될까요?

어떤 포기를 염두에 둔 것일까요? 다시 보호소로 보내거나, 유기하거나, 다른 사람에게 보내는 방식을 생각하는 것일까요? 이 질문에는 세 가지 포인트가 섞여 있는 것 같습니다. 첫째, 유기견도 안식을 찾고 나도 뿌듯함을 느끼며 행복하게 지낼 수 있을 것이라 여겼는데 예상과 다르다. 둘째, 생각지도 않았던 큰 비용이 수술하는데 들어 경제적으로 감당하기 어렵다. 셋째, 한 달밖에 안 되었는데 포기해도 그렇게까지 비난받을 일은 아니지 않은가?

상처가 있는 생명과의 관계에서는 예상외의 어려움이나 즐거움이 모두 발생할 수 있습니다. 감당해야 할 일도 많을 수 있습니다. 감싸 안을 만한 준비가 되어 있을 때 입양을 해야지 순간적인 측은지심만으로 결정해서는 곤란합니다. 상처의 깊이나 동물의 성향에 달린 부분이기도 하지만, 무엇보다도 한 달이라는 기간은 반려동물이 적응할 만한 시간으로는 충분하지 않으므로 조금 더 기다리며 천천히 교감할 필요가 있어 보입니다.

그리고 포기하는 일이 비난의 대상이 되는 기준점은 없는 것 같습니다. 함께한 물리적 시간보다는 자신이 대상을 가족으로 받아들이는 시점이 중요해 보입니다. 그 시점 이후 본인이 책임을 느꼈다면, 해당 동물과 관련된 행위는 누군가의 인정 여부와 무관하게 양심이 가리키는 방향으로 하면 되지 않을까요? 남이 괜찮다고 하면 해도 되는 일이 되고, 남이 비난한다고 하여 하면 안 되는 일이 되지는 않습니다. 무엇보다도 입양을 결정하기 전 여러 차례 보호소를 방문하여 이것저것 체크하고 문의하는 것이 좋습니다. 충분히 신중하게 고민하고 준비한 다음에 입양하고, 한번 결정했다면 끝까지 함께하는 것이 좋겠습니다.

• 고양이도 산책할 수 있나요?

건강한 개라면 산책이 꼭 필요하고 대부분 할 수 있습니다. 하지만 집에서만 생활하는 대부분의 고양이는 산책이 어렵습니다. 무척 많은 고양이들이 문밖을 나서는 순간 보호자에게 달라붙거나 저 멀리 도망갑니다. 달라붙는 녀석들은 보호자의 머리 위로 올라가거나, 목에 안기거나, 옷 속을 파고듭니다. 도망가는 녀석들은 길 중앙이 아니라 길 가장자리 혹은 담벼락을 타고 달아납니다. 영역 동물이므로 자신의 영역을 벗어난 곳에서 하게 되는 자연스러운 행동입니다.

그러나 드물게 산책이 가능한 고양이들도 있긴 합니다. 매우 느긋한 성격으로 어릴 때부터 보호자와 함께 산책을 시작한 경우입니다. 정확한 데이터를 본 적은 없으나 5퍼센트도 채 안 될 것 같습니다. 시도해 보고 싶다면 완벽하게 하네스를 채우고 놀랄 일이 없는 조용한 곳을 찾길 바랍니다. 하지만 많은 고양이들이 공포스러워하고 도망가는 일이 많기 때문에 별로 권하고 싶지는 않습니다.

외부 출입을 하는 고양이라면 길을 함께 걸을 수는 있을 것입니다. 고양이의 생활 영역에서 잠시 함께 걷는 것입니다. 그러나 이것은 고양이가 언제든 다른 데로 가 버릴 때가 많아서 산책이라고 부르기엔 좀 어색합니다.

• 고양이를 입양한 날 목욕을 시켰더니 침대 밑으로 들어가 나오질 않아요.

당연히 많이 놀랐을 것입니다. 맛있는 것을 주고 조금 기다리면 대개는 얼마 지나지 않아 나와서 돌아다닐 것입니다. 시간이 좀 필요합니다. 청결과 위생은 매우 중요하지만 그보다는 새 환경에 적응하는 것이 더 중요합니다. 앞에서도 언급했지만, 오물이 많이 묻어 있는 상태가 아니라면 간단한 빗질과 물 없이 하는 거품 세정만으로도 충분합니다.

첫날 다짜고짜 목욕을 당한 고양이의 심정은 과연 어떠할까요? 다음과 같은 마음 아니었을까 싶습니다.

'아, 정말. 잘 자고 있었는데 갑자기 어떤 이상한 것들이 저들끼리 뭐라고 뭐라고 떠들다가 갑자기 나를 번쩍 들어 꼼짝 못하게 꽉 잡고 좁은 가방에 쑤셔 넣더라고. 차에 실려 어딘지도 모르는 곳에 납치된 채 도착해 보니, 어린애들은 빽빽대고, 저들끼리 낄낄거리더니만 갑자기 온몸을 붙잡은 채 쏴아 하고 물을 뿌려 대다가, 이상한 향기 나는 거품 같은 것을 문질러 대더니만 또다시 반복하기를 몇 차례, 그러고선 물 뿌리기를 그만두고 천 쪼가리로 문질러 대서 털에 묻은 물이 좀 없어져 다행이다 싶었는데, 뜨거운 바람을 막 틀어 대고 아무리 벗어나려 해도 계속 꽉 붙잡혀 있다 보니, 이러다가 죽겠다 싶어 저것들의 손에서 힘이 빠져나가는 것을 느낀 순간 나는 필사적으로 젖 먹던 힘까지 다 써서 겨우 벗어날 수가 있었지. 가까스로 숨어든 이곳 침대 밑에서 나는 결코 나가지 않으리라. 독립이 되기 전까지 아니 아니, 저것들이 모두 사라지기 전까지 나는 이곳에서 한 발짝도 움직이지 않으리라.'

• 둘째를 들여도 될까요?

둘째 입양을 고려하는 사람들의 대부분은 처음 들인 반려동물과의 공존에 어느 정도 성공한 사람들입니다. 애초에 계획했던 대로 되었는지는 모르겠으나 반려동물과 함께 즐겁게 지내는 편입니다. 반려동물이 가져다주는 즐거움과 평화로움을 상당 부분 실감하고 있는 상황에서, 혼자인 반려동물에게 친구 혹은 동생을 만들어 주어 삶의 질을 조금 더 높여 주고 싶은 마음에서 둘째의 입양을 고려하는 것이지요.

얼마 전에도 한 살이 조금 넘은 '말캉이'라는 러시안블루 수컷 고양이를 키우는 한 젊은 부부가 둘째를 입양하고 싶은데 어떻게 생각하냐고 제게 물어 왔습니다. 말캉이는 발톱을 깎으려고 하면 좀 버둥거리긴 해도 물지도 할퀴지도 않는, 아주 친화력 강하고 활력 넘치는 고양이입니다. 부부는 자신들이 모두 출근을 하면 애가 혼자 집에서 너무 심심해할 것 같다고 걱정이 많았습니다. 퇴근하고 와서 자기 전까지 놀아 주는 걸로 부족하지 않겠느냐는 것이었습니다. 저는 그럴 수도 있고 아닐 수도 있다고 했습니다. 잠시도 쉬지 않고 이것저것 해야 하는 사람이 있는 반면, 조용하고 잔잔하게 지내야 편안한 사람이 있듯이 고양이도 나름의 성격이 있습니다. 어떤 성격인지는 함께 지내보면 직관적으로 파악이 됩니다. 보호자 한둘이 감당할 수 없는 에너지를 갖고 있어서 동거묘가 필요한 고양이도 있는 반면, 대체로 조용하고 작은 일에도 예민한 고양이도 있습니다. 새로운 고양이가 와서 활기를 찾거나 성격이 조금 변할 수도 있겠지만, 혼자서도 잘 지내고 있는 대부분의 고양이에게는 둘째가 엄청난 스트레스가 될 수 있습니다.

일반적으로 둘째는 첫째보다 많이 어리고 성별이 다를 때 공존하기 쉽습니다. 영역 침탈이 상대적으로 적고 경쟁의식을 덜 느끼기 때문입니다. 하지만 이보다 더 중요한 것은 첫째가 다른 고양이나 사람에게 얼마나 예민한가입니다. 개체의 성향이 더 중요하다는 의미입니다. 문제는 함께 지내보기 전에는 그 성향을 알 수가 없다는 데 있습니다. 만져 보고 발톱도 깎아 보고 하며 어느 정도 확인할 수는 있으나 사람도 그렇듯이 성향이 변하지 않는다는 보장은 없습니다. 남들은 다 좋다고 하는데도 나는 불편해 죽겠는 사람이 있듯, 다른 고양이들과는 잘 지내는데 우리 집 첫째와는 영 친해지지 못하는 고양이도 있을 수 있는 것이지요.

저는 일단 말캉이 보호자에게 둘째를 입양할 때의 몇 가지 주의 사항을 안내했습니다.

☑ 건강해 보이는 개체를 입양하고, 입양 당일 동물병원에 들러 기초 건강 검진을 받으면 좋습니다.

☑ 집에 데려가서 2주간 격리하여 서로 당황스럽게 만나지 않도록 하는 것이 좋아요.

☑ 격리 기간을 2주로 잡는 이유는 범백혈구감소증 등의 치명적인 바이러스성 질환의 잠복기 때문이기도 합니다만, 2주가 새로운 환경에 적응할 수 있는 최소한의 1차 적응 기간이기 때문이기도 해요.

☑ 그 기간 동안에는 목욕시키지 말고, 간식을 주지 말고, 지나치게 많이 쓰다듬지 마시길 바랍니다.

☑ 온도, 습도가 바뀐 새로운 환경에서 탈모나 가려움증 등의 피부 질환, 결막염 등의 안과 질환, 기침과 콧물이 나는 호흡기 질환이 나타나는 경우도 많으니 잘 관찰하시길 바랍니다.

☑ 격리 기간 동안 아예 첫째와 만나지 않게 하는 것이 원칙이지만, 불가피하다면 최소한 화장실만이라도 따로 써야 합니다. 정상적인 배뇨와 배변을 하는지 체크하고, 배뇨 곤란이나 설

사 여부를 통해 방광염, 기생충, 세균성 장염 등을 체크해야
하기 때문입니다.

☑ 첫째인 말캉이는 격리 공간으로 사용되는 곳이 원래는 자기
영역의 일부였는데 다른 고양이가 들어와서 차지하고 있으니
궁금하여 들어가려고 문을 긁고 많이 울 수도 있습니다.

☑ 격리 기간을 마치면 둘째를 케이지에 넣고 첫째가 둘째에게
어떤 반응을 보이는지 살피시길 바랍니다. 하악대며 공격적
인 반응을 보이면 떼어 놓고 다음 날 다시 시도하고, 특별한
반응을 보이지 않거나 호의적인 반응을 보이면 조금씩 만나
는 시간을 늘리고, 아주 호의적인 경우에는 케이지 문을 열어
서로 만나게 해 보시면 됩니다. 이 모든 것은 둘 모두 발톱을
깎은 후 시도해야 안전합니다.

이쯤 설명하자 보호자는 "아, 뭐가 이렇게 힘들어요? 말캉이 데
려올 때는 이렇게 힘들지 않았던 것 같은데. 우리가 할 수 있겠나?"
하며 고민에 빠졌습니다. 고민해야 하는 일 맞습니다. 집안이 변하
고 가족들의 삶이 바뀔 수 있는 일입니다. 첫째 고양이의 삶에도 혁
명적 변화입니다. 당연히 고민에 고민을 거듭해야 하는 일입니다.

개 한 마리 키우고 고양이 한 마리와 산다고 무조건 행복해질 수는 없을 것입니다. 즐거운 시간이 많겠지만 늘 좋고 행복하기만 한 것도 아닙니다. 우리의 삶이 그러하듯이 반려동물과 함께하는 삶도 고단할 수 있는 일상적인 루틴의 반복입니다. 기쁨과 슬픔과 환희와 뿌듯함이 느껴질 때도 있고, 간혹 힘들고 고단한 가운데 인내심의 한계를 느낄 수도 있습니다. 자신의 바닥을 보게 될 수도 있습니다. 진짜 자신의 모습을 보게 되기도 하고요. 놀랄 수도 있고 대면하기 힘겨울 수도 있으나 그것은 사실 살면서 선물처럼 만나는 반짝이는 순간이라고 할 수 있습니다. 반려동물과 지내며 가끔 이런 선물을 받게 되면 담담하게 감사해하며 삶의 신비로 느끼면 되는 것 아닐까요?

삶은 숱한 만남의 연속이며 그 길에 부모도 있고 친구도 있고 연인도 있고 타인도 있지만, 그 사람들과는 너무나 색다르게 제게 다가온 반려동물들을 만나며, 전에 몰랐던 제 모습을 보며 감격스러울 정도의 생기를 자주 느낍니다. 그들의 생기가 그대로 전해져 저도 생기 있게 살게 됩니다. 살아 있는 그 녀석들이 죽어 가는 우리들의 한 부분을 살리고, 그래서 우리를 온전히 살아나게 하는 것 아닌가 싶습니다.

그렇다고 그 녀석들에게 무리하게 요구하면 안 되겠지요? 이런 미묘한 감정들은 억지로 가지려 손을 뻗으면 이상하게도 점점 더 멀어지는 것 같습니다. 애정을 갖고 보살피되 그들에게 충분한 선택권을 줘야 합니다. 초연한 긍정은 참으로 어렵지만, 강요하지 않고 그들을 인정할 때 비로소 가능한 것 같습니다. 아울러 어떤 존재가 언제까지나 나와 함께하고 한도 끝도 없이 나를 위해 줄 것이라 기대한다면 쓸쓸함만 남을 것이 뻔합니다. 그들이 다가올 때 품에 안고 뺨을 비빌 수 있다면 충분합니다. 반려동물을 그저 아주 좋은 길동무, 충분히 고마운 길동무라고 생각하면 좋지 않을까 싶습니다.

우리 아이 첫 반려동물
동물을 입양하기 전 생각할 것들

초판 1쇄 발행 • 2023년 12월 15일

지은이 • 이원영
펴낸이 • 염종선
책임편집 • 이상연 오경철
조판 • 박아경
펴낸곳 • (주)창비
등록 • 1986년 8월 5일 제85호
주소 • 10881 경기도 파주시 회동길 184
전화 • 031-955-3333
팩스 • 영업 031-955-3399 편집 031-955-3400
홈페이지 • www.changbi.com
전자우편 • ya@changbi.com